编 写 委 员 会

主　编：孙金龙　黄润秋

副主编：翟　青　赵英民　于会文　郭　芳　廖西元　董保同

编　委：（按姓氏笔画排序）

王志斌　田为勇　任　勇　刘　锋　刘　璐　刘友宾

刘炳江　江　光　孙守亮　苏克敬　李　高　李天威

李文强　李治国　杨　龙　别　涛　邹首民　汪　键

张玉军　周志强　周国梅　赵　柯　赵世新　赵群英

郝兴国　郝晓峰　胡　军　柯　昶　侯英东　俞　海

夏应显　钱　勇　徐必久　郭伊均　黄小赠　蒋火华

裴晓菲

强国读本系列

美丽中国建设
学习读本

生态环境部　编著

人民出版社

责任编辑：杨美艳　夏　青　武丛伟　崔秀军
　　　　　　郭彦辰　戚万千　王若曦

封面设计：汪　莹

图书在版编目（CIP）数据

美丽中国建设学习读本／生态环境部 编著 .－－北京：人民出版社，
2024.10.－－ ISBN 978－7－01－026914－6

I. X321.2

中国国家版本馆 CIP 数据核字第 2024X2J458 号

美丽中国建设学习读本

MEILI ZHONGGUO JIANSHE XUEXI DUBEN

生态环境部　编著

人 民 出 版 社 出版发行

（100706　北京市东城区隆福寺街 99 号）

中煤（北京）印务有限公司印刷　新华书店经销

2024 年 10 月第 1 版　2024 年 10 月北京第 1 次印刷
开本：710 毫米 ×1000 毫米 1/16　印张：16
字数：192 千字

ISBN 978－7－01－026914－6　定价：58.00 元

邮购地址 100706　北京市东城区隆福寺街 99 号
人民东方图书销售中心　电话（010）65250042　65289539

前　言

　　天地有大美而不言，四时有明法而不议。中华文明绵延五千多年，积淀了深厚的生态文化，热爱自然、歌颂美丽已成为刻在中国人骨子里的信念。"天地与我并生，而万物与我为一""人法地，地法天，天法道，道法自然""草木荣华滋硕之时，则斧斤不入山林，不夭其生，不绝其长也"等，蕴含了丰富的人与自然和谐共生的生态理念。"西塞山前白鹭飞，桃花流水鳜鱼肥""窗含西岭千秋雪，门泊东吴万里船"等优美诗篇，无不表达了古人对大自然和美好生态环境的喜爱。

　　传承千年的生态智慧，在现代社会焕发新的生机。新中国成立以来，我们党领导人民在正确处理人口与资源、经济发展与环境保护关系等方面进行不断探索，形成了科学系统完整、具有中国特色的生态文明建设理论体系，推动生态环境保护事业不断向前发展。进入新时代，以习近平同志为核心的党中央把生态文明建设作为关系中华民族永续发展的根本大计，统筹推进"五位一体"总体布局、协调推进"四个全面"战略布局，大力推动生态文明理论创新、实践创新、制度创新，创造性提出一系列新理念新思想新战略，形成习近平生态文明思想，指引我国生态文明建设从理论到实践都发生了历史性、转折性、全局性变化，美丽中国建设迈出重大步伐。

新征程上，建设美丽中国已经成为全面建设社会主义现代化国家的重要目标，也成为中国人民心向往之的奋斗目标。当前，我国经济社会发展已进入加快绿色化、低碳化的高质量发展阶段，生态文明建设仍处于压力叠加、负重前行的关键期，生态环境保护结构性、根源性、趋势性压力尚未根本缓解，经济社会发展绿色转型内生动力不足，生态环境质量稳中向好的基础还不牢固，部分区域生态系统退化趋势尚未根本扭转，美丽中国建设任务依然艰巨。

建设美丽中国的重要使命历史性地落在我们这一代人身上。2023 年 7 月，习近平总书记在全国生态环境保护大会上指出，今后 5 年是美丽中国建设的重要时期，要坚持以人民为中心，牢固树立和践行绿水青山就是金山银山的理念，把建设美丽中国摆在强国建设、民族复兴的突出位置，推动城乡人居环境明显改善、美丽中国建设取得显著成效。2023 年 12 月，《中共中央 国务院关于全面推进美丽中国建设的意见》印发，对全面推进美丽中国建设作出系统部署，明确到 2035 年美丽中国目标基本实现，到本世纪中叶美丽中国全面建成。我们要坚持以习近平新时代中国特色社会主义思想为指导，深入贯彻习近平生态文明思想，保持加强生态文明建设的战略定力，坚持生态优先、绿色发展，深化生态文明体制改革，以高品质生态环境支撑高质量发展，努力建设人与自然和谐共生的美丽中国。

　　本书围绕加快发展方式绿色低碳转型、推动生态环境质量持续改善、提升生态系统多样性稳定性持续性等方面，全面深入阐述美丽中国建设的成效进展、目标愿景和实践路径。编写过程中坚持理论与实践相结合，既注重理论阐述的深入性，又强调实践操作的指导性。希望通过本书，向广大读者进一步传递新征程上继续加强生态文明建设的重大意义和价值追求，进一步阐释全面推进美丽中国建设的指导理念和实践策略，进一步宣示建设人与自然和谐共生现代化的坚定信心和坚强决心，为广大读者学习了解美丽中国建设提供有益参考。

　　蓝图已经绘就，号角已经吹响！我们坚信，在习近平生态文明思想科学指引下，在全党全国全社会共同努力下，天蓝、地绿、水清的美丽中国目标一定能够实现！

目　录

序　章　以习近平生态文明思想为
指引全面推进美丽中国建设

  伟大实践孕育伟大理论，伟大理论引领伟大时代。党的十八大以来，以习近平同志为核心的党中央从中华民族永续发展的高度出发，深刻把握生态文明建设在新时代中国特色社会主义事业中的重要地位和战略意义，大力推动生态文明理论创新、实践创新、制度创新，创造性提出一系列新理念新思想新战略，形成了习近平生态文明思想。2018 年 5 月，党中央首次召开全国生态环境保护大会，正式确立习近平生态文明思想，为美丽中国建设提供了根本遵循和方向指引。

  习近平生态文明思想是习近平新时代中国特色社会主义思想的重要组成部分，是我们党不懈探索生态文明建设的理论升华和实践结晶，是马克思主义基本原理同中国生态文明建设实践相结合、同中华优秀传统生态文化相结合的重大成果，是以习近平同志为核心的党中央治国理政实践创新和理论创新在生态文明建设领域的集中体现，是党领导人民推进生态文明建设取得的标志性、创新性、战略性重大理论成果。这一重要思想基于历史、立足当下、面向全球、着眼未来，系统阐释了人与自然、保护与发展、环境与民生、国内与国际等关系，就其主要方面来讲，集中体现为"十个坚持"。

  坚持党对生态文明建设的全面领导。这是我国生态文明建设的根本保证。建设美丽中国是全面建设社会主义现代化国家的重要目标，是一项长期而艰巨的战略任务和系统工程，必须坚持和加强党的全面领导。要始终自觉做习近平生态文明思想的坚定信仰者、积极传播者、忠实践行者，充分发挥党的领导的政治优势，将习近平生态文明思想转化为指导实践、推动工作的强大力量。坚决扛起美丽中国建设的政治责任，坚持生态环境保护"党政同责"和"一岗双责"不动摇，制定实施地方党政领导干部生态环境保护责任制。加快研究制定生态环境保护督察工作条例，充分发挥中央生态环境保护督察制度的利剑作用，确保党中央关于生态文明建设的决策部署落地见效。

坚持生态兴则文明兴。这是我国生态文明建设的历史依据。习近平总书记强调："生态环境是人类生存和发展的根基，生态环境变化直接影响文明兴衰演替。"古今中外有许多深刻教训表明，只有尊重自然规律，才能有效防止在开发利用自然上走弯路。必须深刻认识生态环境是人类生存最为基础的条件，把人类活动限制在生态环境能够承受的限度内，给自然生态留下休养生息的时间和空间。以对人民群众、对子孙后代高度负责的态度和决心，加强生态文明建设，筑牢中华民族永续发展的生态根基。

坚持人与自然和谐共生。这是我国生态文明建设的基本原则。尊重自然、顺应自然、保护自然，是全面建设社会主义现代化国家的内在要求。习近平总书记指出："自然是生命之母，人与自然是生命共同体。"中国式现代化具有许多重要特征，其中之一就是我国现代化是人与自然和谐共生的现代化，促进人与自然和谐共生是中国式现代化的本质要求。必须敬畏自然、尊重自然、顺应自然、保护自然，始终站在人与自然和谐共生的高度来谋划发展，坚持节约资源和保护环境的基本国策，坚持节约优先、保护优先、自然恢复为主的方针，努力建设人与自然和谐共生的现代化。

坚持绿水青山就是金山银山。这是我国生态文明建设的核心理念。习近平总书记强调："绿水青山既是自然财富、生态财富，又是社会财富、经济财富。"实践证明，经济发展不能以破坏生态为代价，生态本身就是经济，保护生态就是发展生产力。必须处理好绿水青山和金山银山的关系，坚定不移保护绿水青山，努力把绿水青山蕴含的生态产品价值转化为金山银山，让良好生态环境成为经济社会持续健康发展的支撑点，促进经济发展和环境保护双赢。

坚持良好生态环境是最普惠的民生福祉。这是我国生态文明建设的宗旨要求。习近平总书记指出："良好的生态环境是最公平的公共产品，是最普惠的民生福祉。"随着我国社会主要矛盾转化为人民日益增长的美好生活需要和不平衡不充分的发展之间的矛盾，人民群众对优美生态环境的需要已经成为这一矛盾的重要方面。加强生态文明建设是人民群众追求高品质生活的共识和呼声。必须落实以人民为中心的发展思想，解决好人民群众反映强烈的突出环境问题，提供更多优质生态产品，让人民过上高品质生活。

坚持绿色发展是发展观的深刻革命。这是我国生态文明建设的战略路径。习近平总书记强调："绿色发展是生态文明建设的必然要求。"坚持绿色发展是对生产方式、生活方式、思维方式和价值观念的全方位、革命性变革，是对自然规律和经济社会可持续发展一般规律的深刻把握。必须把实现减污降碳协同增效作为促进经济社会发展全面绿色转型的总抓手，加快建立健全绿色低碳循环发展经济体系，加快形成绿色发展方式和生活方式，坚定不移走生产发展、生活富裕、生态良好的文明发展道路。

坚持统筹山水林田湖草沙系统治理。这是我国生态文明建设的系统观念。习近平总书记指出："生态是统一的自然系统，是相互依存、紧密联系的有机链条。"统筹山水林田湖草沙系统治理，深刻揭示了生态系统的整体性、系统性及其内在发展规律，为全方位、全地域、全过程开展生态文明建设提供了方法论指导。必须从系统工程和全局角度寻求新的治理之道，更加注重综合治理、系统治理、源头治理，实施好生态保护修复工程，加大生态系统保护力度，提升生态系统稳定性和可持续性。

坚持用最严格制度最严密法治保护生态环境。这是我国生态文明建设的制度保障。习近平总书记强调："我国生态环境保护中存在的突出问题大多同体制不健全、制度不严格、法治不严密、执行不到位、惩处不得力有关。"保护生态环境必须依靠制度、依靠法治。必须把制度建设作为推进生态文明建设的重中之重，健全源头预防、过程控制、损害赔偿、责任追究的生态环境保护体系，构建产权清晰、多元参与、激励约束并重、系统完整的生态文明制度体系，强化制度供给和执行，让制度成为刚性约束和不可触碰的高压线。

坚持把建设美丽中国转化为全体人民自觉行动。这是我国生态文明建设的社会力量。习近平总书记指出："生态文明是人民群众共同参与共同建设共同享有的事业。"每个人都是生态环境的保护者、建设者、受益者，没有哪个人是旁观者、局外人、批评家，谁也不能只说不做、置身事外。必须建立健全以生态价值观念为准则的生态文化体系，牢固树立社会主义生态文明观，倡导简约适度、绿色低碳的生活方式，坚决制止餐桌上的浪费，实行垃圾分类。加强生态文明宣传教育，把建设美丽中国转化为每一个人的自觉行动。

坚持共谋全球生态文明建设之路。这是我国生态文明建设的全球倡议。习近平总书记强调："生态文明是人类文明发展的历史趋势。"建设美丽家园是人类的共同梦想。面对生态环境挑战，人类是一荣俱荣、一损俱损的命运共同体，没有哪个国家能独善其身。必须秉持人类命运共同体理念，同舟共济、共同努力，构筑尊崇自然、绿色发展的生态体系，积极应对气候变化，保护生物多样性，为实现全球可持续发展、建设清洁美丽世界贡献中国智慧和中国方案。

这"十个坚持"构成了系统完整、逻辑严密、内涵丰富、博大精深的科学体系，深刻回答了为什么建设生态文明、建设什么样的生态文明、怎样建设生态文明等重大理论和实践问题，标志着我们党对社会主义生态文明建设规律的认识达到新高度。

习近平生态文明思想是习近平新时代中国特色社会主义思想的重要组成部分，是一个随着实践深化不断丰富发展的科学理论。2023年7月，在全面贯彻落实党的二十大精神开局之年，党中央再次召开全国生态环境保护大会。习近平总书记出席大会并发表重要讲话，明确提出"四个重大转变"，即新时代我国生态文明建设实现由重点整治到系统治理的重大转变、由被动应对到主动作为的重大转变、由全球环境治理参与者到引领者的重大转变、由实践探索到科学理论指导的重大转变。其中，由实践探索到科学理论指导是思想理论的转变，是认识之变、理念之变、思想之变，是指导实现其他重大转变的根本性转变。这"四个重大转变"是对新时代生态文明建设取得举世瞩目巨大成就的全面总结，成为新时代党和国家事业取得历史性成就、发生历史性变革的显著标志。

同时，习近平总书记强调，新征程继续推进生态文明建设需要处理好几个重大关系，即高质量发展与高水平保护、重点攻坚与协同治理、自然恢复与人工修复、外部约束与内生动力、"双碳"承诺与自主行动这五大关系。其中，高质量发展和高水平保护这一对关系，相对于其他四个重大关系，居于管总和引领地位，带有全局性、根本性和长期性。这五个重大关系既是实践经验的总结，又是理论概括，蕴含着丰富的价值观和方法论，为以美丽中国建设全面推进人与自然和谐共生的现代化提供了有力思想武器。

"四个重大转变""五个重大关系"既是对新时代生态文明建设巨大成就的系统总结，又是对新时代生态文明理论创新、实践创新、制度创新成果的高度凝练，与"十个坚持"构成一个相互联系、有机统一的整体，进一步概括了习近平生态文明思想的核心要义、丰富内涵、实践要求，共同构成了习近平生态文明思想的科学体系，是我们过去在生态文明建设上为什么能够成功的密码，也是未来怎样才能继续成功的法宝，标志着我们党对社会主义生态文明建设的规律性认识达到一个新的高度和新的境界，必须长期坚持并不断丰富发展。

当前，我国经济社会发展已进入加快绿色化、低碳化的高质量发展阶段，生态文明建设仍处于压力叠加、负重前行的关键期。新征程，必须瞄准今后5年和到2035年美丽中国建设目标所作出的重大战略安排，深入贯彻习近平生态文明思想，坚持以人民为中心，牢固树立和践行绿水青山就是金山银山的理念，把建设美丽中国摆在强国建设、民族复兴的突出位置，推动城乡人居环境明显改善、美丽中国建设取得显著成效，以高品质生态环境支撑高质量发展，加快推进人与自然和谐共生的现代化，在强国建设、民族复兴的新征程上奋力谱写生态环境保护新篇章。

第一章　建设美丽中国是全面建设社会主义现代化国家的重要目标

今后 5 年是美丽中国建设的重要时期，要深入贯彻新时代中国特色社会主义生态文明思想，坚持以人民为中心，牢固树立和践行绿水青山就是金山银山的理念，把建设美丽中国摆在强国建设、民族复兴的突出位置，推动城乡人居环境明显改善、美丽中国建设取得显著成效，以高品质生态环境支撑高质量发展，加快推进人与自然和谐共生的现代化。

　　——2023 年 7 月 17 日，习近平总书记在全国生态环境保护大会上的讲话

建设美丽中国是全面建设社会主义现代化国家的重要目标，是满足人民群众美好生活需要的重要举措，是推动经济社会高质量发展的内在要求，也是实现中华民族伟大复兴中国梦的重要组成部分。全面推进美丽中国建设，加快推进人与自然和谐共生的现代化，是以习近平同志为核心的党中央着眼全面建成社会主义现代化强国作出的重大战略部署。要深入学习贯彻习近平生态文明思想，深刻认识美丽中国建设的重大意义，全面了解美丽中国建设的实践探索，准确把握美丽中国建设的总体部署，踔厉奋发、勇毅前行，在强国建设、民族

复兴的新征程上，努力绘就美丽中国的更新画卷。

一、美丽中国建设的重大意义

美丽中国是生态文明建设成果的集中体现。党的十八大以来，以习近平同志为核心的党中央统筹推进"五位一体"总体布局、协调推进"四个全面"战略布局，深刻把握生态文明建设在新时代中国特色社会主义事业中的重要地位和战略意义。党的二十大擘画了全面建设社会主义现代化国家、以中国式现代化推进中华民族伟大复兴的宏伟蓝图，提出到2035年基本实现美丽中国目标。党中央一系列重大决策部署，深刻阐明了新形势下推进生态文明和美丽中国建设的重大现实意义和深远历史意义。

（一）建设美丽中国是实现中华民族伟大复兴中国梦的重要内容

生态文明建设是关系中华民族永续发展的根本大计。生态兴则文明兴，生态衰则文明衰。生态环境是人类生存和发展的根基，生态环境变化直接影响文明兴衰演替，以中国式现代化全面推进中华民族伟大复兴，必须始终处理好人与自然的关系，厚植中华民族永续发展的生态根基。

习近平总书记强调，我国现代化是人口规模巨大的现代化。我国14亿多人口整体迈入现代化，规模超过现有发达国家人口的总和，将极大地改变现代化的世界版图。建设美丽中国，像保护眼睛一样保护自然和生态环境，推动实现生态环境质量根本好转，为中华民族永续发展和健康发展提供良好生态环境保障，是功在当代、利在千秋的事业，对于中华民族是一件有深远影响的大事。必须站在中华民族永续发展的高度，尊重自然、顺应自然、保护自然，坚定不移走生产发展、生活富裕、生态良好的文明发展道路，加强生态文明和美丽中国建设，筑牢中华民族伟大复兴的生态根基。

（二）建设美丽中国是满足人民日益增长美好生活需要的必然要求

生态环境是关系党的使命宗旨的重大政治问题，也是关系民生的重大社会问题。良好生态环境是最公平的公共产品，是最普惠的民生福祉。当前，我国生态环境同人民群众对美好生活的期盼相比，同建设美丽中国的目标相比，都还有较大差距，加快改善生态环境质量已成为人民群众追求高品质生活的共同呼声。

环境就是民生，青山就是美丽，蓝天也是幸福。随着社会发展，生态环境在群众生活幸福指数中的地位日益凸显。习近平总书记强调，要把我们伟大祖国建设得更加美丽，让人民生活在天更蓝、山更绿、水更清的优美环境之中。建设美丽中国，为老百姓提供优质生态产品，是出发点也是落脚点。必须坚持以人民为中心的发展思想，顺应人民群众对美好生活的向往，以美丽中国建设为引领，以更高站位、更宽视野、更大力度来谋划和推进新征程生态环境保护工作，集中攻克老百姓身边的突出生态环境问题，提供更多优质生态产品，让人民群众亲近蓝天白云、河清岸绿、碧海银滩、土净花香，在绿水青山中共享自然之美、生命之美、生活之美，让优美生态环境成为人民幸福生活的增长点。

（三）建设美丽中国是推动经济社会高质量发展的内在要求

高质量发展是全面建设社会主义现代化国家的首要任务，是体现新发展理念的发展，是绿色成为普遍形态的发展。高质量发展内涵丰富，包括经济社会持续健康发展，也包括社会民生的持续明显改善，还包括生态环境保护的高度文明。建设美丽中国，实现高水平的保护，可以为高质量发展把好关、守好底线，推动产业结构、能源结构、交通运输结构转型升级，倒逼实现生态优先、绿色低碳的高质量发展。高水平保护是高质量发展的重要支撑，我国经济社会发展已进入加快绿色化、低碳化的高质量发展阶段，高水平保护的支撑作用更加明显。

随着我国经济社会发展不断深入，生态文明建设地位和作用日益凸显。习近平总书记指出：建设生态文明、推动绿色低碳循环发展，不仅可以满足人民日益增长的优美生态环境需要，而且可以推动实现更高质量、更有效率、更加公平、更可持续、更为安全的发展。当前，我国仍是发展中国家，工业化、城镇化尚未完成，产业结构和能源结构具有明显的高碳特征，实现碳达峰碳中和任务艰巨，资源环境对经济发展的约束日益趋紧。要瞄准美丽中国目标，牢固树立和践行绿水青山就是金山银山的理念，站在人与自然和谐共生的高度谋划发展，促进经济社会发展全面绿色转型，坚定走生态优先、绿色低碳的高质量发展道路。

（四）建设美丽中国是共建清洁美丽世界的中国贡献

人类只有一个地球，地球是人类赖以生存的共同家园。保护生态环境是全球面临的共同挑战。近年来，气候变化、生物多样性丧失、荒漠化加剧、极端气候事件频发，给人类生存和发展带来严峻挑战。

面对生态环境挑战，人类是一荣俱荣、一损俱损的命运共同体，需要世界各国同舟共济、共同努力，任何一国都无法置身事外、独善其身。建设美丽中国，为人民创造良好生产生活环境，为全球生态安全作出贡献，为构建人类命运共同体贡献中国智慧和中国力量。

生态文明建设关乎人类未来，建设绿色家园是各国人民的共同梦想。习近平总书记强调，我国已成为全球生态文明建设的重要参与者、贡献者、引领者，主张加快构筑尊崇自然、绿色发展的生态体系，共建清洁美丽的世界。从世界之变、时代之变、历史之变中深刻洞察全球可持续发展潮流，从着力解决全球生态环境问题的实践中提出符合全人类共同利益的一系列主张和倡议，擘画了共建清洁美丽世界的美好蓝图。美丽中国建设是清洁美丽的世界重要组成部分，是全球可持续发展目标在中国的具体实践。必须秉持人类命运共同体理念，以生态文明建设为引领，协调人与自然关系，坚持绿色低碳发展，解决好工业文明带来的问题，构筑尊崇自然、绿色发展的生态体系，以美丽中国建设为构建清洁美丽的世界贡献中国方案、中国智慧和中国力量。

二、美丽中国建设的实践探索

建设美丽中国是以习近平同志为核心的党中央，深刻把握我国生态文明建设和生态环境保护形势，立足中国特色社会主义现代化建设全局，不断满足人民日益增长的美好生活需要作出的重大战略安排。各地区各部门深入贯彻落实党中央国务院决策部署，结合地方实际和部门职责，积极开展美丽中国建设实践探索，取得积极进展，为美丽中国建设提供了有力支撑。

（一）顶层设计不断完善

党的十八大以来，从美丽中国理念的提出，到强国战略目标、明确的时间表和路线图，到现在的全面推进美丽中国建设，党中央对美丽中国的战略部署不断完善，目标任务更加具体，顶层设计更加清晰，深刻回答了为什么建设美丽中国、建设什么样的美丽中国、如何建设美丽中国等重大理论和实践问题。

美丽中国理念的提出。基于对中国特色社会主义实践所处的历史方位，人民群众对优美生态环境的向往和生态文明建设形势的科学判断，党的十八大报告提出"努力建设美丽中国，实现中华民族永续发展"，这是美丽中国首次作为执政理念和执政目标被提出。党的十八届三中全会通过的《中共中央关于全面深化改革若干重大问题的决定》进一步提出要紧紧围绕建设美丽中国深化生态文明体制改革，推动形成人与自然和谐发展现代化建设新格局。2015年5月，中共中央、国务院印发的《关于加快推进生态文明建设的意见》中提出建设美丽中国的实践路径，要加快建设美丽中国，加快美丽乡村建设。《中华人民共和国国民经济和社会发展第十三个五年规划纲要》首次将美丽中国建设纳入国家发展规划，并提出要加快改善生态环境，协同推进人民富裕、国家富强、中国美丽。

美丽中国目标的成熟。经过5年的实践探索，美丽中国建设目标更加细化，时间表和路线图更加明确，美丽中国建设的实践逻辑更加清晰。党的十九大将"美丽"写入现代化强国建设战略目标，为中长期生态文明建设和生态环境保护指明了新的历史坐标。2018年全国生态环境保护大会提出要坚决打好污染防治攻坚战，明确了美丽中国建设分阶段的时间表和路线图。党的十九届五中全会提出，展望

2035 年，广泛形成绿色生产生活方式，碳排放达峰后稳中有降，生态环境根本好转，美丽中国建设目标基本实现。2021 年 11 月，中共中央、国务院印发《关于深入打好污染防治攻坚战的意见》，明确要"努力建设人与自然和谐共生的美丽中国"。党的十九届六中全会指出，美丽中国建设迈出重大步伐，强调坚持人与自然和谐共生，统筹发展和安全，协同推进人民富裕、国家强盛、中国美丽。

美丽中国建设的深化。如何继续推进生态文明建设，如期实现美丽中国建设目标？党的二十大进一步明确，未来 5 年，美丽中国建设成效显著；到 2035 年，美丽中国目标基本实现。2023 年全国生态环境保护大会强调，建设美丽中国是全面建设社会主义现代化国家的重要目标，今后 5 年是美丽中国建设的重要时期。2023 年 11 月 7 日，中央全面深化改革委员会第三次会议审议通过《中共中央　国务院关于全面推进美丽中国建设的意见》，指出要锚定 2035 年美丽中国目标基本实现，持续深入推进污染防治攻坚，加快发展方式绿色转型，提升生态系统多样性、稳定性、持续性，守牢安全底线，健全保障体系，推动实现生态环境根本好转。

中共中央　国务院发布关于全面推进美丽中国建设的意见

《中共中央　国务院关于全面推进美丽中国建设的意见》（以下简称《意见》）于 2024 年 1 月 11 日发布。

《意见》提出，建设美丽中国是全面建设社会主义现代化国家的重要目标，是实现中华民族伟大复兴中国梦的重要内容。

《意见》要求，"十四五"深入攻坚，实现生态环境持续改善；"十五五"巩固拓展，实现生态环境全面改善；"十六五"整体提升，实现生态环境根本好转。

《意见》分为 10 章共 33 条，聚焦美丽中国建设的目标路径、重点任务、重大政策提出细化举措，主要部署了以下重点任务：加快发展方式绿色转型、持续深入推进污染防治攻坚、提升生态系统多样性稳定性持续性、守牢美丽中国建设安全底线、打造美丽中国建设示范样板、开展美丽中国建设全民行动、健全美丽中国建设保障体系等。

《意见》还从不同角度提出美丽中国建设的一揽子激励性政策举措，调动各方面共建共享美丽中国的积极性、主动性和创造性。

（二）部门合力逐步加强

新时代以来，国家各有关职能部门为贯彻落实党中央、国务院决策部署，切实履行好生态环境保护职责，全面推进美丽中国建设，密集出台美丽中国建设相关政策文件，明确美丽中国建设重大任务，构建评估指标体系开展美丽中国建设进程评估，为建设生态文明和美丽中国提供有力保障。

生态环境部印发《关于加强生态环境保护　推进美丽中国建设的

指导意见》，研究美丽中国建设生态环境目标指标体系，指导开展美丽中国地方实践。生态环境部、中央宣传部、中央文明办、教育部、共青团中央、全国妇联等六部门共同制定并发布《"美丽中国，我是行动者"提升公民生态文明意识行动计划（2021—2025 年）》，着力推动全民参与美丽中国建设。共青团中央印发《"美丽中国·青春行动"实施方案（2019—2023 年）》，组织青少年踊跃参与生态文明实践和污染防治攻坚战，为建设美丽中国作出积极贡献。国家发展改革委会同生态环境部等部门发布了《美丽中国建设评估指标体系及实施方案》。财政部从 2013 年起启动美丽乡村建设试点，将美丽乡村建设作为一事一议财政奖补工作的主攻方向。自然资源部实施"中国山水工程"等生态保护修复重大工程，助力美丽中国建设。住房和城乡建设部开展美丽宜居城市与乡村建设试点工作。水利部致力水土保持，强化河湖长制，建设幸福河湖，建设美丽中国。农业农村部推进乡村振兴，改善农村人居环境推动宜居宜业和美乡村建设。农业农村部、住房和城乡建设部共同开展美丽宜居村庄创建示范工作。

（三）地方探索积累经验

党的十八大以来，全国各地认真贯彻落实党中央、国务院决策部署，立足实际，围绕美丽中国建设开展了探索实践，部分省份和城市编制美丽中国建设规划纲要、实施意见、行动方案，建立了工作机制，形成了美丽中国建设实践路径。

先行先试，积极谋划美丽中国建设实施路径。各地对标 2035 年基本实现美丽中国建设目标，制定发布美丽中国建设实践实施纲要，开展美丽中国建设实践的相关研究，出台相关文件。浙江、山东、四川、福建、江西、广东、江苏、河南、河北、辽宁、山西、云南等省，以及宁波、厦门、青岛、深圳等市已出台或正在编制美丽中国地方实践相关的规划纲要、实施意见、行动方案等：如浙江省委省、政府印发了《深化生态文明示范创建　高水平建设新时代美丽浙江规划纲要（2020—2035 年）》；山东省委办公厅、省政府办公厅印发《美丽山东建设规划纲要（2021—2035 年）》；福建省人民政府印发《深化生态省建设　打造美丽福建行动纲要（2021—2035 年）》；江西省委省人民政府印发《美丽江西建设规划纲要（2022—2035 年）》；杭州市委市政府先后印发实施《美丽杭州建设实施纲要（2013—2020 年）》《新时代美丽杭州建设实施纲要（2020—2035 年）》，率先探索美丽城市建设。

完善机制，健全美丽中国建设推进工作机制。目前，各地开展美丽中国建设机制比较完善，为推进地方实践提供了坚强保障。浙江、江西、四川、河南等省组建了美丽建设领导小组、工作专班或联席会议，全面推进本地区美丽中国建设。如浙江成立美丽浙江建设领导小组，由省委书记、省长以双组长形式担任领导小组组长，统筹推进美丽浙江建设各项工作。江西成立由省委、省政府主要领导同志任组长的全面建设美丽江西专项工作组办公室，负责对美丽江西建设各项工作的整体部署。四川充分发挥省生态环境保护委员会的重要作用，组织推进美丽四川建设工作。山东则明确由省生态环境委员会统筹协调解决美丽山东建设的重大问题，分解建设目标任务，分年度制定工作要点，开展实施情况调度和评估。

创新实践，探索各美其美的美丽中国建设地方模式。江西省强化国家生态文明试验区建设成果与美丽中国建设目标的衔接，发挥自然生态优势，抢抓"双碳"发展机遇，统筹把握美丽提质、美丽增效、美丽赋能三个方面，建设美丽中国的"江西样板"。山东省深化新旧动能转换，建设自然生态环境"外在美"与经济社会发展"内在美"之间的转化通道，打造以美丽山东建设引领高质量发展的样板。广东省以粤港澳大湾区建设国际一流美丽湾区为引领，以率先建成人与自然和谐共生的现代化为目标，打造美丽中国的"广东样板"。深圳市提出"率先打造人与自然和谐共生的美丽中国典范"，以建设全球标杆城市为目标，引领超大城市生态环境治理，打造可持续发展先锋，为美丽中国建设提供"深圳模式""深圳方案"。

三、美丽中国建设的总体部署

新征程上，必须把美丽中国建设摆在强国建设、民族复兴的突出位置，明确今后一个时期美丽中国建设的目标任务、战略重点和主攻方向，准确把握美丽中国建设总体部署，深刻认识面临的基本形势，切实把各项重点任务转化为具体行动，把美丽中国建设宏伟蓝图变成施工图，全方位协同发力全面推进美丽中国建设。

（一）美丽中国建设的指导思想

全面推进美丽中国建设，要坚持以习近平新时代中国特色社会主义思想特别是习近平生态文明思想为指导，深入贯彻党的二十大精神，落实全国生态环境保护大会部署，牢固树立和践行绿水青山就是金山银山的理念，处理好高质量发展和高水平保护、重点攻坚和协同治理、自然恢复和人工修复、外部约束和内生动力、"双碳"承诺和自主行动的关系，统筹产业结构调整、污染治理、生态保护、应对气候变化，协同推进降碳、减污、扩绿、增长，维护国家生态安全，抓好生态文明制度建设，以高品质生态环境支撑高质量发展，加快形成以实现人与自然和谐共生现代化为导向的美丽中国建设新格局，筑牢中华民族伟大复兴的生态根基。

（二）美丽中国建设的主要目标

到 2027 年，绿色低碳发展深入推进，主要污染物排放总量持续减少，生态环境质量持续提升，国土空间开发保护格局得到优化，生态系统服务功能不断增强，城乡人居环境明显改善，国家生态安全有效保障，生态环境治理体系更加健全，形成一批实践样板，美丽中国建设成效显著。到 2035 年，广泛形成绿色生产生活方式，碳排放达峰后稳中有降，生态环境根本好转，国土空间开发保护新格局全面形成，生态系统多样性稳定性持续性显著提升，国家生态安全更加稳固，生态环境治理体系和治理能力现代化基本实现，美丽中国目标基本实现。展望本世纪中叶，生态文明全面提升，绿色发展方式和生活方式全面形成，重点领域实现深度脱碳，生态环境健康优美，生态环境治理体系和治理能力现代化全面实现，美丽中国全面建成。

（三）美丽中国建设的战略安排

锚定美丽中国建设目标，坚持精准治污、科学治污、依法治污，根据经济社会高质量发展的新需求、人民群众对生态环境改善的新期待，加大对突出生态环境问题集中解决力度，加快推动生态环境质量改善从量变到质变。"十四五"深入攻坚，实现生态环境持续改善；"十五五"巩固拓展，实现生态环境全面改善；"十六五"整体提升，实现生态环境根本好转。要坚持做到：

——全领域转型。大力推动经济社会发展绿色化、低碳化，加快能源、工业、交通运输、城乡建设、农业等领域绿色低碳转型，加强绿色科技创新，增强美丽中国建设的内生动力、创新活力。

——全方位提升。坚持要素统筹和城乡融合，一体开展"美丽系列"建设工作，重点推进美丽蓝天、美丽河湖、美丽海湾、美丽山川建设，打造美丽中国先行区、美丽城市、美丽乡村，绘就各美其美、美美与共的美丽中国新画卷。

——全地域建设。因地制宜、梯次推进美丽中国建设全域覆盖，展现大美西部壮美风貌、亮丽东北辽阔风光、美丽中部锦绣山河、和谐东部秀美风韵，塑造各具特色、多姿多彩的美丽中国建设板块。

——全社会行动。把建设美丽中国转化为全体人民行为自觉，鼓励园区、企业、社区、学校等基层单位开展绿色、清洁、零碳引领行动，形成人人参与、人人共享的良好社会氛围。

（四）美丽中国建设的重点任务

加强美丽中国建设顶层设计。推动出台关于全面推进美丽中国建设的文件，建立健全美丽中国建设的实施体系、落实机制，加强调度推进和跟踪评估。深入谋划和开展美丽中国建设成效考核，做好与污染防治攻坚战考核有序衔接。

深入打好污染防治攻坚战。坚持精准、科学、依法治污，持续深入打好蓝天、碧水、净土保卫战，加快出台空气质量持续改善行动计划、土壤污染源头防控行动计划，实施噪声污染防治行动，推动污染防治在重点区域、重要领域、关键指标上实现新突破，以更高标准打几个漂亮的标志性战役。

加快推动发展方式绿色低碳转型。推动出台《中共中央办公厅　国务院办公厅关于加强生态环境分区管控的意见》，制定全面实行排污许可制实施方案，修订《排污许可管理办法》。落实《关于进一步优化环境影响评价工作的意见》《关于做好重大投资项目环评工作的通知》，完善环评管理服务制度体系。推动能耗"双控"逐步转向碳排放"双控"，健全碳排放权市场交易制度。

切实加强生态保护修复监管。加强自然保护地和生态保护红线常态化监管。推动实施重要生态系统保护和修复重大工程。加快出台实施中国生物多样性保护战略与行动计划、生物多样性保护重大工程实施方案。深入推进生态文明示范创建。

守牢美丽中国建设安全底线。建立常态化管控生态环境风险长效机制。加强"一废一库一重"等重点领域环境隐患排查和风险防控，推动危险废物"1+6+20"重大工程建设和尾矿库分类分级环境监管，实现危险废物全过程监管和信息化追溯。严格核与辐射安全监管，确保万无一失。

加快健全现代环境治理体系。推进相关法律法规制修订，深化省以下生态环境机构监测监察执法垂直管理制度改革。发挥中央生态环境保护督察利剑作用。深化生态环境科技创新。加快建立现代化生态环境监测体系，确保监测数据"真准全快新"，研究制定美丽中国监测评价指标体系和方法。

（五）打造美丽中国建设示范样板

建设美丽中国先行区。聚焦区域协调发展战略和区域重大战略，加强绿色发展协作，打造绿色发展高地。完善京津冀地区生态环境协同保护机制，加快建设生态环境修复改善示范区，推动雄安新区建设绿色发展城市典范。在深入实施长江经济带发展战略中坚持共抓大保护，建设人与自然和谐共生的绿色发展示范带。深化粤港澳大湾区生态环境领域规则衔接、机制对接，共建国际一流美丽湾区。深化长三角地区共保联治和一体化制度创新，高水平建设美丽长三角。坚持以水定城、以水定地、以水定人、以水定产，建设黄河流域生态保护和高质量发展先行区。深化国家生态文明试验区建设。各地区立足区域功能定位，发挥自身特色，谱写美丽中国建设省域篇章。

建设美丽城市。坚持人民城市人民建、人民城市为人民，推进以绿色低碳、环境优美、生态宜居、安全健康、智慧高效为导向的美丽城市建设。提升城市规划、建设、治理水平，实施城市更新行动，强化城际、城乡生态共保环境共治。加快转变超大特大城市发展方式，提高大中城市生态环境治理效能，推动中小城市和县城环境基础设施提级扩能，促进环境公共服务能力与人口、经济规模相适应。开展城市生态环境治理评估。

建设美丽乡村。因地制宜推广浙江"千万工程"经验，统筹推动乡村生态振兴和农村人居环境整治。加快农业投入品减量增效技术集成创新和推广应用，加强农业废弃物资源化利用和废旧农膜分类处置，聚焦农业面源污染突出区域强化系统治理。扎实推进农村"厕所革命"，有效治理农村生活污水、垃圾和黑臭水体。建立农村生态环境监测评价制度。科学推进乡村绿化美化，加强传统村落保护利用和乡村风貌引导。到2027年，美丽乡村整县建成比例达到40%；到2035年，美丽乡村基本建成。

开展创新示范。分类施策推进美丽城市建设，实施美丽乡村示范县建设行动，持续推广美丽河湖、美丽海湾优秀案例。推动将美丽中国建设融入基层治理创新。深入推进生态文明示范建设，推动"绿水青山就是金山银山"实践创新基地建设。鼓励自由贸易试验区绿色创新。支持美丽中国建设规划政策等实践创新。

第二章 加快发展方式绿色低碳转型

> 站在人与自然和谐共生的高度谋划发展，通过高水平环境保护，不断塑造发展的新动能、新优势，着力构建绿色低碳循环经济体系，有效降低发展的资源环境代价，持续增强发展的潜力和后劲。
>
> ——2023 年 7 月 17 日，习近平总书记在全国生态环境保护大会上的讲话

我国经济社会发展已进入加快绿色化、低碳化的高质量发展阶段。习近平总书记在党的二十大报告中强调指出，高质量发展是全面建设社会主义现代化国家的首要任务。在习近平新时代中国特色社会主义思想指引下，我国坚持绿水青山就是金山银山的理念，坚定不移走绿色低碳发展道路，创造了举世瞩目的生态奇迹和绿色发展奇迹，经济发展的"含金量"和"含绿量"显著提升。

一、绿色决定发展的成色

绿色发展是顺应自然、促进人与自然和谐共生的发展，良好生态

环境是美好生活的基础、人民共同的期盼。党的二十大报告强调指出"推动经济社会发展绿色化、低碳化是实现高质量发展的关键环节"。这表明，高质量发展和高水平保护是相辅相成、相得益彰的。高水平保护是高质量发展的重要支撑，生态优先、绿色低碳的高质量发展只有依靠高水平保护才能实现。

（一）推动经济社会发展绿色化、低碳化是实现高质量发展的关键环节

高质量发展是绿色发展成为普遍形态的发展。我国作为14亿多人口的大国，资源能源约束紧、环境容量有限、生态系统脆弱是基本国情。要整体迈入现代化，高耗能、高污染、高排放的模式是行不通的。我国现有产业结构偏"重"、能源结构偏"煤"，并且未来能源资源需求仍会保持刚性增长。产业和能源结构向绿色低碳转型压力较大，碳达峰碳中和时间窗口偏紧。必须改变大量生产、大量消耗、大量排放的粗放型生产模式，推动经济社会发展建立在资源高效利用和绿色低碳循环发展的基础之上。

习近平总书记指出，绿色循环低碳发展是当今时代科技革命和产业变革的方向，是最有前途的发展领域。从世界范围看，绿色低碳转型是经济结构升级的新方向，孕育经济增长新空间，我国在这方面的潜力也相当大。从我国近年的发展态势看，一方面，绿色转型正在重构以要素低成本优势为特征的传统生产函数，推动产业高端化、智能化、绿色化，形成许多新的增长点。比如，我国风电光伏等绿色产业蓬勃发展，截至2023年底，太阳能发电装机容量约6.1亿千瓦，风电装机容量约4.4亿千瓦。另一方面，我国巨大的传统产业绿色升级

改造需求和绿色消费需求正在催生世界上规模最大的绿色市场。截至
2023 年末，本外币绿色贷款余额达到 30.08 万亿元，投向具有直接和
间接碳减排效益项目的贷款分别为 10.43 万亿元和 9.81 万亿元，合计
占绿色贷款的 67.3%。总的看绿色产业在孕育新技术、催生新业态、
创造新供给、形成新需求等方面发挥巨大作用，为高质量发展提供强
大绿色发展动能。

（二）绿色低碳发展是解决生态环境问题的治本之策

绿色发展是生态文明建设的必然要求，是解决污染问题的根本之
策。我国生态环境问题，本质上是高碳能源结构和高能耗、高碳产业
结构问题，二氧化碳等温室气体排放与常规污染物排放具有同根、同
源、同过程的特点。煤炭、石油等化石能源的燃烧和加工利用，不仅
产生二氧化碳等温室气体，也产生颗粒物、挥发性有机物（VOCs）、
重金属、酚、氨氮等大气、水、土壤污染物。

推动绿色低碳发展，减少化石能源利用，在降低二氧化碳排放
的同时，也可以减少常规污染物排放，进而更好地推动环境治理从
注重末端治理向更加注重源头预防和源头治理有效转变，并为 2035
年"生态环境根本好转"奠定坚实基础。推动绿色低碳发展，就是
要从根本上缓解经济发展与资源环境之间的矛盾，改变过多依赖增
加物质资源消耗、过多依赖规模粗放扩张、过多依赖高能耗高排放
产业的发展模式，构建起科技含量高、资源消耗低、环境污染少
的产业结构，从源头上大幅减少污染物排放，从根本上解决环境
问题。

太钢集团实现由"两高"向"两低"的革命性转变

钢铁行业是高污染排放、高碳排放的"两高"行业，长期以来承受着高污染排放的巨大环保压力。当前，随着碳达峰碳中和国家战略的稳步推进，钢铁行业碳减排的压力与日俱增。钢铁行业由"两高"向低污染排放、低碳排放的"两低"发展方式转变是大势所趋、势在必行。钢铁行业污染物超低排放技术已经基本成熟，实现全流程超低排放已无重大技术障碍。

太钢集团是典型的城市型钢厂，通过提高绿电比例、极致能效、氢冶金、低碳冶金、短流程炼钢、碳捕集利用等措施，逐步改建、改造、淘汰污染物排放总量大、碳排放强度高的焦化、高炉、烧结等工序装备，不断削减污染物排放强度。2019 年，实现钢铁全流程的超低排放，2021 年大气污染物平均排放强度较超低排放改造前的 2018 年下降了 73.5%。

（三）绿色转型是形成绿色文明生活风尚的重要引领

经济社会发展全面绿色转型是对经济社会系统全方位、全领域、全过程、全链条、全周期的绿色化改造，生产方式和生活方式绿色转型缺一不可。习近平总书记强调，要充分认识形成绿色生活方式的重要性、紧迫性、艰巨性，把推动形成绿色生活方式摆在更加突出的位置。经过几十年快速的工业化和城市化进程，人民生活水平迅速改善，盲目消费、奢侈消费、攀比消费、大量浪费等观念和行为有所蔓延，并带来过多的物质消耗、资源消耗。

推动生活方式绿色低碳转型是实现人民群众美好生活的重要保障，既可以引导和规范全民践行绿色生活，广泛汇聚全社会节能减排的力量，也可以倒逼生产方式绿色化，实现从源头保护生态环境，减少污染排放。随着城镇化进程的加快，未来全社会消费的需求总量和强度都必然有所增加，必须积极倡导简约适度、绿色低碳的生活方式，反对奢侈浪费和不合理消费，并以需求侧的绿色低碳推动供给侧的绿色转型，才能更好地彰显出高质量发展的绿色成色。

二、绿色生产方式加快转型升级

绿色发展是对生产方式、生活方式、思维方式和价值观念的全方位、革命性变革。习近平总书记指出："在全面建设社会主义现代化国家新征程上，要保持加强生态文明建设的战略定力，注重同步推进高质量发展和高水平保护，以'双碳'工作为引领，推动能耗双控逐步转向碳排放双控，持续推进生产方式和生活方式绿色低碳转型，加快推进人与自然和谐共生的现代化，全面推进美丽中国建设。"我国大力推行绿色生产方式转型升级，实现经济社会发展和生态环境保护的协调统一。

（一）绿色空间布局逐渐优化

我国积极健全国土空间体系，加强生产、生活、生态空间用途统筹和协调管控，为经济社会持续健康发展提供有力支撑。

国土空间规划体系总体形成。国土空间规划是国家空间发展的指南、可持续发展的空间蓝图，是各类开发保护建设活动的基本依据。党的十八大以来，我国加快构建国土空间规划体系顶层设计，推动编制首部整合主体功能区规划、土地利用规划、城乡规划等空间规划"多规合一"的《全国国土空间规划纲要（2021—2035年）》，并于2022年正式印发实施，形成了法定化的全国统一、责权清晰、科学高效的国土空间开发保护蓝图。全国省、市、县三级国土空间总体规划已经全部编制完成，截至2023年末，除2017年已获批复的北京、上海规划外，所有省级和新疆生产建设兵团国土空间规划均已编制完成并上报国务院，其中江苏、广东、宁夏等17个省级规划已经国务院批复实施；全国市、县国土空间总体规划编制工作基本完成，其中江苏、广东、宁夏、海南、山东、山西、江西7省（区）共批准66个市级国土空间总体规划，江苏、广东、海南3省共批准114个县级国土空间总体规划。

生态环境分区管控体系基本建立。实施生态环境分区管控是以习近平同志为核心的党中央作出的重大决策部署。习近平总书记在中央全面深化改革委员会第十四次会议、十八届中央政治局第四十一次集体学习、2018年全国生态环境保护大会、党的十九届六中全会等会议上多次强调要划定并严守生态保护红线、环境质量底线和资源利用上线。2023年，习近平总书记在全国生态环境保护大会上，进一步强调要完善全域覆盖的生态环境分区管控体系，为发展"明底线""划边框"；在进一步推动长江经济带高质量发展座谈会上，强调要加强生态环境分区管控，严格执行准入清单。为贯彻落实党中央、国务院决策部署，生态环境部积极推进生态环境分区管控工作，在前期试点的基础上，2018年开始在全国全面推开。截至2021年底，全国省、市两级生态环境分区管控方案已全面完成，并经地方党委政府审议发布实施，全国共确定4万多个生态环境管控单元，其中陆域优先保护、重点管控和一般管控三类单元面积比例分别为55%、15%和30%，"一单元一策略"实施差异化精准管控，初步形成了全域覆盖、跨部门协同、多要素综合的生态环境分区管控体系。分区管控方案实施以来，生态环境分区管控在支撑生态环境参与宏观综合决策、提升生态环境治理效能、优化营商环境等方面发挥了重要作用。2024年3月6日，中共中央办公厅、国务院办公厅印发《关于加强生态环境分区管控的意见》，进一步明确了加强生态环境分区管控的改革举措。

中共中央办公厅、国务院办公厅发布关于加强
生态环境分区管控的意见

《中共中央办公厅　国务院办公厅关于加强生态环境分区管控的意见》（以下简称《意见》），于2024年3月17日对社会公开发布。

《意见》提出，生态环境分区管控是以保障生态功能和改善环境质量为目标，实施分区域差异化精准管控的环境管理制度，是提升生态环境治理现代化水平的重要举措。

《意见》要求，到 2025 年，生态环境分区管控制度基本建立，全域覆盖、精准科学的生态环境分区管控体系初步形成。到 2035 年，体系健全、机制顺畅、运行高效的生态环境分区管控制度全面建立，为生态环境根本好转、美丽中国目标基本实现提供有力支撑。

《意见》共 6 章 18 条，聚焦新时期全面加强生态环境分区管控的主要目标，明确 4 项重点任务。

一是全面推进生态环境分区管控。坚持国家指导、省级统筹、市级落地的原则，完善省、市两级生态环境分区管控方案，统筹开展定期调整和动态更新。推进国家和省级生态环境分区管控系统与其他业务系统的信息共享、业务协同，完善在线政务服务和智慧决策功能。

二是助推经济社会高质量发展。通过生态环境分区管控，加强整体性保护和系统性治理，服务国家重大战略实施。促进绿色低碳发展，推进传统产业绿色低碳转型升级和清洁生产改造，引导重点行业向环境容量大、市场需求旺盛、市场保障条件好的地区科学布局、有序转移。为地方党委和政府提供决策支撑，在生态环境分区管控信息平台依法依规设置公共查阅权限，加强生态环境分区管控对企业投资的引导。

三是实施生态环境高水平保护。以"三区四带"为重点区域，分单元识别突出环境问题，落实环境治理差异化管控要求，维护生态安全格局。强化生态环境分区管控在地表水、地下水、海洋、大气、土壤、噪声等生态环境管理中的应用，推动解决突出生态环境问题，防范结构性、布局性环境风险。强化政策协同，将生态环境分区管控要求纳入有关标准、政策等制定修订中。

四是加强监督考核。对生态功能明显降低的优先保护单元、生态环境问题突出的重点管控单元以及环境质量明显下降的其他区域，加强监管执法。将制度落实中存在的突出问题纳入中央和省级生态环境保护督察。将实施情况纳入污染防治攻坚战成效考核。

《意见》还提出了五项保障措施，对加强生态环境分区管控，服务国家和地方重大发展战略实施、助推经济社会高质量发展、支撑美丽中国建设具有重大意义。

重点区域绿色发展深入推进。党的十八大以来，党中央把促进区域协调发展摆在更加重要的位置。京津冀凝聚 1+1+1 ＞ 3 协同合力，截至 2023 年底，京津冀三地细颗粒物（$PM_{2.5}$）年均浓度与 2013 年相比降幅均在六成左右，重污染天数均大幅削减、优良天数大幅增加，地区生产总值合计 10.4 万亿元，是 2013 年的 1.9 倍。长江经济带"一江碧水向东流"美景重现，2023 年国控断面优良水质比例增至 95.6％，比 2015 年上升 28.6 个百分点；2023 年，地区生产总值达 58.43 万亿元，占全国比重提高至 46.3％。粤港澳大湾区生态环境同保共享，2023 年二氧化硫、二氧化氮、可吸入颗粒物、细颗粒物浓度分别为 6、23、37、21 微克／立方米，较 2015 年下降了 50.0%、23.3%、22.9%、34.4%；以不到全国 1% 的国土面积、5% 的人口总量，创造出全国 11% 的经济占比。长三角一体化绿色发展进入快车道，2023 年细颗粒物平均浓度为 32 微克／立方米，稳定达到国家环境空气质量二级标准；2023 年长三角三省一市地区生产总值总量 30.51 万亿元，上海、江苏、浙江、安徽经济增速分别为 5%、5.8%、6%、5.8%。黄河流域协同推动高水平保护和高质量发展，2023 年黄河流域国家地表水考核断面水质优良比例为 91.0%，同比提高 3.5 个百分点；2023 年沿黄河九省（区）GDP 达 31.6 万亿元，同比增长 3.1%。海南擦亮高质量发展的绿色底色，2023 年空气质量优良天数比例达 99.2%，环境空气质量刷新本省最佳监测记录；2023 年全省生产总值为 7551.18 亿元，按不变价格计算，比上年增长 9.2%。

以高品质生态环境支撑高质量发展，
奋力谱写美丽中国海南篇章

海南省上下以习近平生态文明思想为基本遵循，牢固树立"绿水青山就是金山银山"理念，生态环境质量持续保持全国一流，厚植高质量发展生态底色。2023 年，海南省 $PM_{2.5}$、PM_{10}、NO_2、SO_2、CO 五项污染物保持历史最低水平，$PM_{2.5}$ 浓度相比 2019 年下降了 18.8%，优于全国平均降幅。三沙、五指山、陵水、琼中 4 个市县 $PM_{2.5}$ 浓度不超过

10 微克 / 立方米，市县数量创历史新高。NO$_2$、SO$_2$、CO 三项污染物明显优于世界卫生组织最新准则值，臭氧稳定在 120 微克 / 立方米以下。环境空气质量整体处于有监测历史以来的最好水平。

与此同时，海南扎实推动高质量发展，加快塑造区域协调发展新格局。投资方面，通过创新项目谋划、推进、保障机制，2023 年共实施省重点（重大）项目 204 个，其中新开工 45 个、竣工投产 21 个；全省工业投资增长 6.3%、高技术产业投资增长 13%，产业投资占比提高 0.5 个百分点。消费方面，消费对拉动海南经济发展的基础性作用不断增强，出台《2023 年海南省促进消费若干措施》，2023 年全省社会消费品零售总额 2511.32 亿元，比上年增长 10.7%。外贸方面，货物贸易进出口、出口和进口规模分别达到 2312.8 亿元、742.1 亿元、1570.7 亿元，同比分别增长 15.3%、2.8% 和 22.4%，均创历史新高。"三驾马车"协同发力，"宏观底盘"越来越稳。2023 年全省生产总值 7551.18 亿元，同比增长 9.2%，高于全国平均水平 4 个百分点，增速稳居前列。

（二）产业结构持续优化

坚持创新、协调、绿色、开放、共享的新发展理念，以产业结构优化调整为引领，不断塑造经济增长的新动能新优势，推动经济发展既保持量的合理增长，又实现质的有效提升，开创了高质量发展的新局面。

产业结构不断优化。2023 年第一、第二、第三产业增加值占国内生产总值比重分别为 7.1%、38.3%、54.6%。全年规模以上工业中，装备制造业增加值比上年增长 6.8%，占规模以上工业增加值比重为 33.6%；高技术制造业增加值增长 2.7%，占规模以上工业增加值比重为 15.7%。新能源汽车产量 944.3 万辆，比上年增长 30.3%；太阳能电池（光伏电池）产量 5.4 亿千瓦，增长 54.0%；服务机器人产量 783.3 万套，增长 23.3%；3D 打印设备产量 278.9 万台，增长 36.2%。

化解"两高一低"产能取得积极成效。我国持续深化供给侧结构性改革，在保障产业链供应链安全的同时，积极稳妥化解过剩产能、淘汰落后产能，对钢铁、水泥、电解铝等资源消耗量高、污染物排放量大的行业实行产能等量或减量置换政策，积极推动减污降碳协同增效。截至 2022 年底，全国共淘汰落后和化解过剩产能钢铁约 3 亿吨、水泥 3 亿吨、平板玻璃 1.5 亿重量箱。全国燃煤锅炉和窑炉从近 50 万台降低到目前不足 10 万台，减少燃煤使用量约 5 亿吨。截至 2023 年底，全国已有 11.1 亿千瓦燃煤机组完成超低排放改造，占煤电总装机容量的 95%，建成全球规模最大的清洁燃煤发电基地；累计完成 4.2 亿吨粗钢产能全流程超低排放改造，4 亿吨粗钢产能烧结球团脱硫脱硝、料场封闭等重点工程改造，8.5 万个挥发性有机物（VOCs）突出问题整改。淘汰老旧及高排放机动车辆超过 4000 万辆。

可再生能源产业发展迅速。我国光伏行业加快推进产业智能制造和现代化水平，保持平稳向好的发展势头，有力支撑了"碳达峰碳中和"工作。据工信部最新数据，2023 年我国光伏产业技术加快迭代升级，行业应用加快融合创新，规模实现进一步增长，全国多晶硅、硅片、电池、组件产量再创新高，行业总产值超过 1.7 万亿元。其中，多晶硅产量超过 143 万吨，同比增长 66.9%；硅片产量超过 622GW，同比增长 67.5%，产品出口 70.3GW，同比增长超过 93.6%；晶硅电池产量超过 545GW，同比增长 64.9%，产品出口 39.3GW，同比增长 65.5%；晶硅组件产量超过 499GW，同比增长 69.3%，产品出口 211.7GW，同比增长 37.9%。

节能环保产业质量效益持续提升。我国逐步形成了覆盖节能、节水、环保、可再生能源等各领域的绿色技术装备制造体系，绿色技术装备和产品供给能力显著增强，绿色装备制造成本持续下降，能源设备、节水设备、污染治理、环境监测等多个领域技术已达到国际先进水平。据中国环境保护产业协会统计，2022 年我国生态环保产业营业收入约 2.22 万亿元，较 2013 年增长约 372.3%，年均复合增长率达 15.6%，增速高于同期 GDP 增长速度，成为国民经济发展绿色亮点。

（三）能源结构转型不断加速

我国立足能源资源禀赋，坚持先立后破、通盘谋划，在不断增强能源供应保障能力的基础上，加快构建新型能源体系，推动清洁能源消费占比大幅提升，能源结构绿色低碳转型成效显著。

非化石能源实现跨越式发展。我国加快构建清洁低碳安全高效的能源体系，优先发展非化石能源，推进水电绿色发展，全面协调推进风电和太阳能发电开发，在确保安全的前提下有序发展核电，因地制宜发展生物质能、地热能和海洋能，全面提升可再生能源利用率。截至 2023 年底，全国可再生能源发电总装机达 15.16 亿千瓦，占全国发电总装机的 51.9%；2023 年全国可再生能源新增装机 3.05 亿千瓦，占全国新增发电装机的 82.7%；全国可再生能源发电量近 3 万亿千瓦时，接近全社会用电量的三分之一。

传统能源产业加快绿色转型。我国以促进煤电清洁低碳发展为目标，加快推进煤炭资源绿色开发，建成国家级绿色矿山 257 处、智能化采掘工作面超 2300 处，原煤入选率从 56% 提高到 70%。非常规油气从少量到实现规模化开发，2022 年页岩气产量约 240 亿立方米、煤层气产量 97.7 亿立方米、煤矿瓦斯利用量 57 亿立方米。二氧化碳驱油驱气利用有序推进，油气领域累积二氧化碳注入量已超过 450 万吨。清洁煤电供应体系加快形成，80% 以上的机组实施了节能改造。2023 年，全国火电机组供电标准煤耗下降至 302 克 / 千瓦时，95% 以上煤电机组实现了超低排放。

终端用能清洁化水平大幅提升。工业、建筑、交通等重点领域电能替代加快推进，过去 10 年电能占终端能源消费比重提升至约 28%。我国已建成世界上数量最多、辐射面积最大、服务车辆最全的充电基础设施体系，截至 2023 年底我国充电基础设施总量达 859.6 万台，同比增长 65%。据预测，2025 年终端用能电气化水平预计达到 30% 左右。

（四）资源节约集约利用有力推进

作为资源需求大国，中国加快资源利用方式根本转变，努力用最少的资源环境代价取得最大的经济社会效益，让当代人过上幸福生活，为子孙后代留下生存根基，为全球资源环境可持续发展作出重大贡献。

能源利用效率不断提高。党的十八大以来，我国深入推进重点领域和行业节能改造，推动钢铁、有色、石化、化工、建材等重点用能行业节能降碳改造，节能工作取得显著成效。据《中华人民共和国2023年国民经济和社会发展统计公报》显示，扣除原料用能和非化石能源消费量后，全国万元国内生产总值能耗比2022年下降0.5%。在工业领域，重点耗能工业企业单位电石综合能耗下降0.8%，单位合成氨综合能耗上升0.9%，吨钢综合能耗上升1.6%，单位电解铝综合能耗下降0.1%，每千瓦时火力发电标准煤耗下降0.2%。

水资源利用效率持续提升。在"节水优先、空间均衡、系统治理、两手发力"治水思路指引下，我国积极开展国家节水行动，实施水资源消耗总量和强度双控，基本形成了从研发设计、产品装备制造到工程建设、服务管理的全产业链条，全社会水资源利用效率、效益持续提升。数据显示，2023年，万元国内生产总值用水量50立方米，较2022年下降6.4%；万元工业增加值用水量26立方米，下降3.9%。人均用水量419立方米，下降1.4%。

土地节约集约利用水平明显提高。党的十八大以来，习近平总书记多次就节约集约用地作出重要指示和批示，特别强调"要坚持集约发展，框定总量、限定容量、盘活存量、做优增量、提高质量"。相关部门和各级地方深入贯彻落实总书记的指示要求，从"规划管控、计划调节、标准控制、市场配置、政策激励、监测监管、考核评价、共同责任"方面持续努力，推动节约集约用地制度更加完善、机制更加健全、利用水平明显提高。据自然资源部最新数据，2022年中国单位GDP建设用地使用面积较2017年下降18.9%。"十四五"期间，我国将深入优化城乡建设用地布局和结构、不断提高用地效率，预计全国新增建设用地规模将控制在 2950 万亩以内，比"十三五"期间压减约 300 万亩，单位 GDP 建设用地使用面积比 2020 年降低 15% 左右。

资源综合利用取得显著成效。党的十八大以来，我国资源综合利用的技术装备水平不断提升、产品日益丰富、发展模式日渐成熟，据 2021 年数据，废钢铁、废铜、废铝、废铅、废锌、废纸、废塑料、废橡胶、废玻璃等 9 种再生资源循环利用量达 3.85 亿吨。据国务院办公厅印发的《关于加快构建废弃物循环利用体系的意见》，到 2025 年，初步建成覆盖各领域、各环节的废弃物循环利用体系，主要废弃物循环利用取得积极进展。尾矿、粉煤灰、煤矸石、冶炼渣、工业副产石膏、建筑垃圾、秸秆等大宗固体废弃物年利用量达到 40 亿吨，新增大宗固体废弃物综合利用率达到 60%。废钢铁、废铜、废铝、废铅、废锌、废纸、废塑料、废橡胶、废玻璃等主要再生资源年利用量达到 4.5 亿吨。资源循环利用产业年产值达到 5 万亿元。

三、绿色生活方式蔚然成风

"取之有度，用之有节"是生态文明的真谛。党的十九大报告提出："倡导简约适度、绿色低碳的生活方式，反对奢侈浪费和不合理消费，开展创建节约型机关、绿色家庭、绿色学校、绿色社区和绿色出行等行动。"推动形成绿色生活方式，不仅会带来思想观念、生活方式和社会治理的深刻变革，还会促进经济发展方式的绿色低碳转型，增强绿色生产与消费、绿色供给与需求的良性互动循环，能够为建设生态文明和美丽中国奠定更加坚实的社会基础。

（一）绿色生活理念深入人心

党的十八大以来，各级党委、政府把推动形成绿色生活方式放在更加突出的位置，倡导绿色低碳生活方式，推动全社会牢固树立勤俭节约的消费理念和生活习惯。

开展全民绿色生活教育。加强资源环境基本国情教育，开展全民绿色生活和绿色消费教育，大力弘扬中华民族勤俭节约传统美德和党的艰苦奋斗优良作风。把绿色生活纳入全国节能宣传周、科普活动周、全国低碳日、六五环境日等主题宣传活动，推进绿色生活理念进家庭、进社区、进工厂、进农村，将绿色生活理念普及推广到衣食住行游用等方方面面，增强全民节约意识、环保意识和生态意识。推动各类媒体积极宣传绿色生活的重要性和紧迫性，加强舆论监督，曝光奢侈浪费行为，营造良好社会氛围。

推动践行绿色生活方式。制定《关于加快推动生活方式绿色化的实施意见》《公民生态环境行为规范十条》《公民节约用水行为规范》等，加强对公民绿色生活方式的规范引导。实践中，公众绿色生活意识与理念不断增强，并转化为绿色生活行动，如合理设定空调温度、少购买使用一次性用品等。《公民生态环境行为调查报告（2022 年)》显示，公众普遍具备较强环境行为意愿，在"减少污染产生""节约资源能源"和"选择低碳出行"等领域基本能够做到"知行合一"。

（二）绿色生活方式转型加速

习近平总书记指出，推动形成绿色发展方式和生活方式是发展观的一场深刻革命。绿色生活并不是抽象的概念，涉及老百姓的衣食住行用游等方方面面。近年来，绿色生活相关政策体系不断建立完善，越来越多的公众向"绿"而行，成为美丽中国"行动者"，积极践行简约适度、绿色低碳、文明健康的生活方式。

深入推动绿色生活创建行动。按照系统推进、广泛参与、突出重点、分类施策的原则，开展节约型机关、绿色家庭、绿色学校、绿色社区、绿色出行、绿色商场、绿色建筑等创建行动。截至2022年底，全国70%县级及以上党政机关建成节约型机关，全国公共机构人均综合能耗、人均用水量比2011年分别下降24%和28%以上；全国城镇当年新建绿色建筑占新建建筑的比例达到90%左右；60%以上的城市社区达到绿色社区创建要求，全国创建宁静小区（安静居住小区）1385个。

大力开展粮食节约行动。颁布实施《中华人民共和国反食品浪费法》，大力推进粮食节约和反食品浪费工作，广泛深入开展"光盘"行动。28家中央部委、人民团体、中央企业建立粮食节约和反食品浪费专项工作机制，按需点餐、剩菜打包等成为公众自觉行为习惯。截至2022年6月，"光盘打卡 青年一起向未来"等活动累计参与人数超860万，打卡近8000万次，相当于减少食物浪费3000吨。

深入推进垃圾分类工作。加大规划引导和政策支持力度，加快建立分类投放、收集、运输和处理设施建设，稳步推进生活垃圾分类。截至2022年底，297个地级及以上城市全面实施生活垃圾分类，居民小区平均覆盖率达到82.5%，人人参与垃圾分类的良好氛围正在形成。

积极推进绿色出行。深入实施城市公共交通优先发展战略，不断提升城市绿色出行服务体系，创造更加便捷低碳出行环境，推动绿色出行成为社会风尚。2022年，以公交、地铁为主的城市公共交通日出行量超过2亿人次，互联网租赁自行车日均使用约3000万人次。

稳步推进塑料减量替代。完善塑料污染全链条治理体系，推动塑料生产和使用源头减量，积极推广塑料替代产品。"最严限塑令"实施以来，环保布袋、可降解塑料等替代品得到广泛使用，一次性用品逐渐减少。截至 2023 年 8 月，美团外卖平台"无需餐具"订单量超过 47 亿单，累计减碳量约 17.8 万吨。

浙江安吉"以竹代塑"

竹子是速生、可降解的生物质材料，"以竹代塑"是从源头减少塑料使用、减轻塑料污染的有效途径。

浙江省安吉县是著名的"中国竹乡"，其竹产业在全球具有重要的地位和影响力。近年来，安吉县积极响应"以竹代塑"倡议，在全国率先印发《鼓励以竹代塑加快推进竹制品创新应用推广的实施意见》，鼓励行政、住宿餐饮、生活服务、文化旅游等重点行业领域使用竹制品替代塑料制品。同时，开发"以竹代塑"产品，积极推进绿色场景应用，重点开展竹制品进景区、进民宿、进酒店、进馆所、进商超、进街区"六进工程"，推广竹制全降解环保袋、竹餐具（竹包装）、外卖"竹四小件"等，实现消费再造。

（三）绿色消费日益扩大

绿色消费是各类消费主体在消费活动全过程贯彻绿色低碳理念的

消费行为。近年来，我国不断完善促进绿色消费的制度政策体系，增加绿色生产和服务有效供给，绿色消费理念深入人心，全社会消费绿色转型升级加快。

大力推动绿色消费转型升级。印发实施《促进绿色消费实施方案》《关于加快建立绿色生产和消费法规政策体系的意见》等相关政策，全面促进消费绿色低碳转型升级。建立重点产品能效标识制度，实施水效领跑者行动，扩大绿色政府采购范围，引导中央企业带头执行企业绿色采购指南，印发《低噪声施工设备指导名录（第一批）》，推动施工噪声源头治理。建立居民用水、用电、用气等阶梯价格制度，实施绿色节能家电消费补贴政策，激励引导公众践行绿色消费。

强化绿色消费供给保障。完善绿色产品认证与标识制度，增强绿色产品和服务供给能力。当前，绿色产品认证扩大到建材、快递包装、电子电器等近 90 种产品，颁发绿色产品认证证书 2 万余张，环境、能源管理体系认证证书 40 余万张，发证量全球第一。绿色消费规模与群体持续扩大，2022 年中国有机产品销售额高达 877.6 亿元，连续多年位列全球第四。

鼓励发展绿色消费新模式。有序发展共享经济，拓宽家电、消费电子产品和服装等二手交易渠道，鼓励闲置物品共享交换。以国内最大的闲置交易平台闲鱼为例，注册用户已突破 5 亿人，仅 2023 年平台用户累计减碳量达 300 万吨以上。

四、促进经济社会发展全面绿色转型

党的二十大对加快发展方式绿色转型作出重要部署，强调推进生态优先、节约集约、绿色低碳发展。这是立足我国进入全面建设社会主义现代化国家、实现第二个百年奋斗目标的新发展阶段，对谋划经济社会发展提出的新要求。要以此为遵循，完整、准确、全面贯彻新发展理念，更加自觉地推进绿色发展、循环发展、低碳发展，坚定不移走生态优先、绿色低碳的高质量发展道路，着力促进经济社会发展全面绿色转型。

（一）优化国土空间开发保护格局

坚持实施区域重大战略、区域协调发展战略、主体功能区战略，健全区域协调发展体制机制，完善新型城镇化战略，构建高质量发展的国土空间布局和支撑体系。

守牢国土空间开发保护底线。立足资源环境承载能力，发挥各地比较优势，统筹优化农业、生态、城镇等空间布局和重大基础设施、重大生产力、公共资源布局，健全主体功能区制度，支持城市化地区高效集聚经济和人口、保护基本农田和生态空间，支持农产品主产区增强农业生产能力，支持生态功能区把发展重点放到保护生态环境、提供生态产品上，支持生态功能区的人口逐步有序转移，形成主体功能明显、优势互补、高质量发展的国土空间开发保护新格局。

完善全域覆盖的生态环境分区管控体系。坚持生态优先、绿色发展，源头预防、系统保护，精准科学、依法管控，将生态保护红线、环境质量底线、资源利用上线等生态环境"硬约束"，落实到生态环境管控单元，因地制宜实施"一单元一策略"的精细化管理。强化生态环境分区在政策制定、环境准入、园区管理、执法监管等方面的应用，服务国家和地方重大发展战略实施，科学指导各类开发保护建设活动。到 2025 年，生态环境分区管控制度基本建立，全域覆盖、精准科学的生态环境分区管控体系初步形成。到 2035 年，体系健全、机制顺畅、运行高效的生态环境分区管控制度全面建立，为生态环境根本好转、美丽中国目标基本实现提供有力支撑。

生态环境分区管控实施应用取得初步成效

生态环境分区管控将生态保护红线、环境质量底线、资源利用上线的要求落实到单元上，有利于指导一个地区在发展过程中守住生态环境底线，推动高质量发展。全国省、市生态环境分区管控方案发布以来，生态环境分区管控在政策制定、环境准入、园区管理、执法监管等领域落地应用，在支撑生态环境参与宏观综合决策、提升生态环境治理效能、优化营商环境等方面发挥了重要作用。

一是强化生态环境分区管控在京津冀、长三角、粤港澳大湾区产业和能源结构调整中的应用，加强整体性保护和系统性治理，支撑优化重大生产力合理布局，服务和保障国家重大战略实施。例如京津冀三省市加强区域、流域和海域协调，基于生态保护空间和环境质量底线约束，严格产业疏解和承接地生态环境准入要求，合理引导钢铁、石化产业向沿海集聚发展。

二是各地在发展规划、国土空间规划、交通规划等编制中，充分利用生态环境分区管控成果，优化开发保护格局，促进绿色低碳发展。例如四川省在高速公路、国省干道、水运等交通规划编制过程中，基于生态环境优先保护单元的分布，合理确定路网密度和选线方案，降低生态环境影响。

三是各地在环评管理和生态环境保护相关规划、污染防治行动计划实施方案等制定中，充分运用生态环境分区管控成果，支撑精准、科学、依法治污。例如福州市在"十四五"生态环境保护规划编制过程中，充分衔接生态环境分区管控成果，明确岸线保护和修复重点，推进海域环境质量改善。在环评管理中应用生态环境分区管控成果，提前研判项目环境可行性，提升环评效能。

四是各地以生态环境分区管控成果为依据，服务招商引资决策，指导企业主动对标，支撑项目精准快速落地，持续提升服务效能。例如浙江、重庆、广东等省（市）生态环境分区管控平台开放查询服务，实现环境准入一键查，为招商引资、项目选线选址提供快捷的环境合理性研判。重庆"建设项目选线选址环境准入自助查询系统"APP自2022年6月15日正式上线以来，访问次数10万余次。

五是部分地区在环境执法、环保督察中，探索利用生态环境分区管控空间底图，与环评审批、排污许可、排污口核查等环境管理数据协调联动，通过空间信息的叠加对比和管控要求的符合性分析，开展生态环境问题线索的筛选或预判。如云南省在赤水河流域（云南段）生态环境保护专项督察工作中，运用生态环境分区管控成果，快速识别流域空间管控存在的问题，并结合第二次全国污染源普查数据、入河排污口等平台信息，在优先保护单元中识别了排污口和污染源信息，为督察工作提供问题线索。

加强海洋和海岸带国土空间管控。探索建立沿海、流域、海域协同一体的综合治理体系。严格围填海管控，加强海岸带综合管理与滨海湿地保护，建立低效用海退出机制，除国家重大项目外，不得再新增围填海。加快推进重点海域综合治理，推进美丽海湾建设。提升应对海洋自然灾害和突发环境事件能力。完善海岸线保护、海域和无居民海岛有偿使用制度，探索海岸建筑退缩线制度和海洋生态环境损害赔偿制度，自然岸线保有率不低于35%。

（二）加快生产方式绿色转型升级

处理好发展和保护的关系是一个世界性难题，也是人类社会发展面临的永恒课题。要统筹高水平保护和高质量发展，加快推动绿色低碳转型，着力构建绿色低碳循环经济体系，切实增强发展的潜力和后劲。

大力发展绿色经济。严把准入关口，印发《关于加强高耗能、高排放建设项目生态环境源头防控的指导意见》，强化环评和排污许可及监管执法，对"两高"项目源头严防、过程严管、后果严惩，坚决遏制高能耗、高排放、低水平项目盲目上马，推动绿色转型和高质量发展。大力发展战略性新兴产业、高技术产业、现代服务业。壮大节能环保、清洁生产、清洁能源、生态环境、基础设施绿色升级、绿色服务等产业，推广合同能源管理、合同节水管理、环境污染第三方治理等服务模式。推进产业数字化智能化同绿色化的深度融合，深入实施智能制造和绿色制造工程，推动制造业高端化智能化绿色化，大力发展战略性新兴产业、高技术产业、现代服务业。推动煤炭等化石能源清洁高效利用，大力发展可再生能源，推进钢铁、石化、有色、建材等传统行业产业布局优化、结构调整，加快大宗货物和中长途货物运输"公转铁""公转水"，推动城市公交和物流配送车辆电动化。

实施全面节约战略。推进节能、节水、节地、节材、节矿，加快构建废弃物循环利用体系，科学利用各类资源，提高资源产出率。构建市场导向的绿色技术创新体系，实施绿色技术创新攻关行动，开展重点行业和重点产品资源效率对标提升行动。全面推行循环经济理念，构建多层次资源高效循环利用体系。深入推进园区循环化改造，加强大宗固体废弃物综合利用和废旧物品回收设施规划建设，建立健全线上线下融合、流向可控的资源回收体系。

（三）聚焦区域重大战略打造绿色发展高地

党的十八大以来，习近平总书记亲自谋划、亲自部署、亲自推动京津冀协同发展、长江经济带发展、粤港澳大湾区建设、长三角一体化发展、黄河流域生态保护和高质量发展等区域重大战略，强调要根据高质量发展要求和自身特色，加强区域绿色发展协作，在实施区域重大战略中进一步谋划好、规划好、落实好生态环保工作，建设美丽中国先行区。

聚焦战略目标落实重点任务。完善京津冀地区生态环境协同保护机制，加快建设生态环境修复改善示范区，推动雄安新区建设绿色发展城市典范。在深入实施长江经济带发展战略中坚持共抓大保护，建设人与自然和谐共生的绿色发展示范带。深化粤港澳大湾区生态环境领域规则衔接、机制对接，共建国际一流美丽湾区。深化长三角地区共保联治和一体化制度创新，高水平建设美丽长三角。坚持以水定城、以水定地、以水定人、以水定产，建设黄河流域生态保护和高质量发展先行区。

优化协调机制促进优势互补。打破传统以行政区域为单位的环境治理模式，强化生态环境共保联治，推动建立更深层次、更宽领域、更加紧密的区域协作合作机制。注重流域系统性和生态系统整体性，科学识别区域性污染防治特征，加强区域协同治理和保护，实施减污降碳协同、生态环境基础设施建设等领域重大工程，积极应对气候变化等风险，有力维护生态安全。健全工作机制，坚持规划引领，开展综合调度，加强考核评估，推动形成统分结合、上下联动、整体推进的工作体系。

强化改革创新发挥示范作用。在重大战略区域发挥生态文明建设和生态环境保护制度改革"试验田"作用，以绿色科技创新、政策制度创新引领区域生态环境治理整体效能提升。立足区域功能定位，发挥自身特色，在减污降碳协同增效、拓宽绿水青山转化金山银山路径、空气质量持续改善等方面先行示范，因地制宜在美丽城市、美丽乡村建设中蹚出各具特色的新路子，打造一批以高品质生态环境支撑高质量发展的典范样板。

（四）践行绿色低碳生活方式

"取之有度，用之有节"，是生态文明的真谛。应把推动形成绿色生活方式摆在更加突出的位置，在全社会牢固树立勤俭节约的消费观，树立节能就是增加资源、减少污染、造福人类的理念，形成文明生活风尚。

促进绿色产品消费。全面推动吃穿住行用游等各领域消费绿色转型。加大政府绿色采购力度，扩大绿色产品采购范围，逐步将绿色采购制度扩展至国有企业。加强对企业和居民采购绿色产品的引导，鼓励地方采取补贴、积分奖励等方式促进绿色消费。推动电商平台设立绿色产品销售专区。

倡导绿色循环低碳生活方式。厉行节约，坚决制止餐饮浪费行为。因地制宜推进生活垃圾分类和减量化、资源化，开展宣传、培训和成效评估。扎实推进塑料污染全链条治理。推进过度包装治理，推动生产经营者遵守限制商品过度包装的强制性标准。提升交通系统智能化水平，积极引导绿色出行。深入开展爱国卫生运动，整治环境脏乱差，打造宜居生活环境。开展绿色生活创建活动。

强化科技和服务支撑。推广应用先进绿色低碳技术，推行涵盖上中下游各主体、产供销各环节的全生命周期绿色供应链制度体系，加快发展绿色物流配送，发展闲置资源共享利用和二手交易，构建废旧物资循环利用体系。重点完善绿色消费制度保障体系。加快健全法律制度，优化完善标准认证体系，探索建立统计监测评价体系，推动建立绿色消费信息平台。重点加强绿色产品和服务认证管理，完善认证机构信用监管机制。推广绿色电力证书交易，引领全社会提升绿色电力消费。

第三章 推动生态环境质量持续改善

　　深入打好污染防治攻坚战，集中攻克老百姓身边的突出生态环境问题，让老百姓实实在在感受到生态环境质量改善。

　　——2021 年 4 月 30 日，在中共中央政治局第二十九次集体学习会议上的讲话

　　良好的生态环境，是人民生存和发展的前提和基础。顺应人民群众对优美生态环境的期待，不仅是判断生态文明建设成效的重要标尺，也是为经济发展增添新动能的重要方面。习近平总书记提出"生态环境保护就是为民造福的百年大计"等一系列重要论述，深刻体现了坚持以人民为中心的发展思想。党的十八大以来，以习近平同志为核心的党中央坚持在发展中保障和改善民生，积极回应人民群众日益增长的优美生态环境需要，持续深入打好污染防治攻坚战，大气、水、土壤污染防治行动成效明显，祖国天更蓝、山更绿、水更清、人民生活更幸福。

一、良好生态环境是最普惠的民生福祉

生态环境是人民群众生活的基本条件和社会生产的基本要素。党的十八大以来，我们从解决突出生态环境问题入手，注重点面结合、标本兼治，实现从重点整治到系统治理的重大转变。我国生态环境明显改善，但同时也要看到，我国生态环境质量与美丽中国建设目标相比还有较大差距。我们要保持加强生态环境保护的战略定力，以更高标准打好蓝天、碧水、净土保卫战，更好地满足人民日益增长的优美生态环境需要。

（一）环境就是民生，青山就是美丽，蓝天也是幸福

习近平总书记指出："良好生态环境是最公平的公共产品，是最普惠的民生福祉。"清新的空气、清洁的水体、洁净的土壤既是群众关切、社会关注，又是发展之基、治污之要。党的十八大以来，以习近平同志为核心的党中央提出了一系列重要论述，生动诠释了以人民为中心的发展思想在生态文明建设领域的深刻内涵。过去，以牺牲资源环境为代价的规模化、工业化、社会化大生产，满足了人民的物质生活需求，但同时一些地方大气、水、重金属污染严重，在一段时间内生态环境问题成为民生之患、民心之痛。随着我国社会主要矛盾转化为人民日益增长的美好生活需要和不平衡不充分的发展之间的矛盾，人民群众对优美生态环境需要已经成为这一矛盾的重要方面，老百姓美好生活需求的具体内涵不断发生变化，从"盼温饱"转变为"盼环保"，从"求生存"转变为"求生态"，从"奔小康"转变为"要健康"，人民群众对优美生态环境的要求越来越强烈。正如习近平总书记所指

出："让老百姓过上好日子是我们一切工作的出发点和落脚点。"在以高质量发展为首要任务的全面建设社会主义现代化国家新征程中，深入打好污染防治攻坚战，让人民群众在良好的生态环境中生产生活，已经成为能否经得起历史和实践检验、能否得到人民群众认可的关键，同时也是实现第二个百年奋斗目标、建成美丽中国的关键。

（二）我国生态环境质量与美丽中国建设目标相比还有较大差距

党的十八大以来，我国坚决向污染宣战，生态环境保护取得的历史性成就、发生的历史性变革，世界公认、人民认可。但也要清醒看到，我国生态环境保护结构性、根源性、趋势性压力总体上尚未缓解，环保历史欠账尚未还清，生态环境质量稳中向好的基础还不牢固，生态环境质量的改善从量变到质变的拐点还未到来，生态文明建设仍然处于压力叠加、负重前行的关键期。

这具体表现为：全国仍有超过三分之一城市空气质量未达标，北方地区秋冬季重污染天气仍旧多发频发，大气环境问题的长期性、复杂性、艰巨性仍然存在；水环境治理和生态修复任务依然艰巨，水质改善不平衡不协调问题突出，黑臭水体从根本上消除难度较大，近岸海域环境质量改善成效尚不稳固；土壤环境风险管控压力仍然较大，历史遗留的土壤污染问题较为突出，农业农村环境治理仍然是生态环境保护的突出短板，农业面源污染物排放仍处高位；固体废物增量和历史存量尚处于高位，环境治理体系和治理能力尚不能满足工作需要，新污染物治理刚刚起步，生态环境保护依然任重道远。噪声污染投诉量居全部生态环境要素投诉量的前两位，已成为人民群众急难愁盼的环境问题。

（三）坚持生态惠民、生态利民、生态为民

面对严峻的污染形势，我国将污染防治作为全面建成小康社会决胜阶段的"三大攻坚战"之一。纵观发展历程，污染防治攻坚战经历了"十三五"时期的"坚决打好"，"十四五"时期的"深入打好"，以及如今对标2035年美丽中国建设目标提出的"持续深入打好"三个阶段，触及的矛盾问题不断深入，领域愈加广泛，要求逐步提高。我们要坚持守正创新，在"持续深入"上拓思路、做文章，采取更有力的措施、更周密的安排、更灵活的打法，进一步深化攻坚策略，拓展攻坚路径，创新攻坚机制，取得攻坚实效，推动污染防治攻坚战持续深入。

我们要坚持生态惠民、生态利民、生态为民，紧紧围绕解决人民最关心最直接最现实的利益问题，以锲而不舍、驰而不息的精神，集中攻克老百姓身边的突出生态环境问题，将不断满足人民日益增长的优美生态环境需要作为党的使命任务之所在、宗旨要求之所在、施政方向之所在，持续深入打好污染防治攻坚战，让人民群众实实在在感受到生态环境质量改善，让现代化建设成果真正更多更公平惠及全体人民。

二、坚决打赢蓝天保卫战

蓝天保卫战是攻坚战的重中之重。习近平总书记亲自推动大气污染治理进程全面提速，我国空气质量发生了历史性的变化。在国民经济持续快速增长的前提下，全国$PM_{2.5}$平均浓度从2013年的72微克/立方米降到2023年的30微克/立方米，成为全球大气质量改善速度最

快的国家。2023 年重污染天数比率比 2013 年减少了 90% 以上，SO₂ 浓度达 9 微克 / 立方米，连续三年降至个位数水平。重点区域空气质量明显改善，"北京蓝"被誉为"北京奇迹"，联合国环境规划署执行主任姆苏亚评价说："世界上还没有其他任何一个城市或地区做到这一点。"

（一）产业和能源结构绿色转型升级不断提速

优化调整能源结构是推进我国空气质量改善的最主要措施。2013—2022 年十年间，我国以年均 3% 的能源消费增速支撑了年均超过 6% 的经济增长，能源消费的弹性系数始终在 0.5 左右，能耗强度累计下降 26.4%，能源生产和利用方式发生重大变革，特别是能源消费总量增长了 22.9%，而煤炭消费总量仅增长了 4% 左右，呈现典型的"绿肥黑瘦"特征。截至 2023 年底，全国 3900 多万户农村居民告别了烟熏火燎的燃煤取暖方式，减少煤炭消费量 8000 多万吨。

北方冬季清洁取暖工作成效显著

北方地区清洁取暖是习近平总书记亲自部署的一项重要任务，是落实能源安全新战略、打赢蓝天保卫战的重要举措。2017 年，《政府工作报告》首次将北方地区冬季清洁取暖列为重点任务，多部门联合印发《北方地区冬季清洁取暖规划（2017—2021 年）》，对有关工作进行整体部署。生态环境部相继印发 2017—2022 年、2023—2024 年秋冬季大气污染综合治理攻坚方案等，不断优化清洁取暖试点方案，明确"宜电则电、宜气则气、宜煤则煤、宜热则热"原则，稳妥有序推进 5 批中央财政资金支持北方地区冬季清洁取暖试点。截至 2023 年底，北方地区累计试点 88 个城市，实现京津冀及周边地区、汾渭平原两大重点区域城市基本全覆盖，非重点区域省份分别有 2—4 个城市纳入支持范围。许多农村居民告别了烟熏火燎的用能方式，首都不烧煤目标得以实现，人民生活质量和幸福指数明显提升。

产业结构调整也是推进空气质量改善的重大举措。我国积极促进产业发展提质增效，以前所未有的力度调整重点行业产业结构、淘汰落后和化解过剩产能、重拳整治"散乱污"企业及集群。截至 2022 年底，我国产业集中度和装备水平明显提升、布局不断优化，通过淘汰、化解产能分别减少二氧化硫（SO_2）、氮氧化物（NO_X）和颗粒物排放 104 万吨、78 万吨和 50 万吨，京津冀及周边地区实现"散乱污"动态清零。

高质量推进钢铁行业超低排放改造

实施钢铁行业超低排放改造是推动行业绿色低碳高质量发展、促进产业转型升级、持续改善空气质量的重要举措，2019—2020 年连续两年写入《政府工作报告》，被列入"十四五"102 项重大工程项目。生态环境部认真贯彻落实党中央、国务院决策部署，2019 年，会同有关部门印发《关于推进实施钢铁行业超低排放的意见》，强化综合治理、系统治理、源头治理，推动钢铁企业高质量实施有组织排放、无组织排放、清洁运输全流程全环节超低排放改造。创新管理思路，会同有关部门、地方制定实施超低排放差别化的环保、税收、财政、金融、电价等政策，"扶优汰劣"，提高企业改造积极性。建立定期调度、会商、培训、座谈等工作机制。建立动态管理台账，开展"双随机"检查，将不能稳定达到超低排放要求的企业及时调整出动态管理名单，取消优惠政策，确保超低排放改造高质量推进和长期稳定运行。在各方共同努力下，钢铁行业超低排放改造取得明显进展。截至 2023 年底，全国累计 4.2 亿吨粗钢产能完成全流程超低排放改造，4.4 亿吨粗钢产能完成重点工程改造，共占全国总产能的 81%，初步建成全球最大的清洁钢铁生产体系。一大批钢铁企业由"傻大黑粗"蜕变为"花园式工厂"，钢铁集中区域空气质量明显改善。同时，钢铁行业超低排放改造已累计拉动投资超过 2000 亿元，有力促进节能环保、新能源汽车等相关产业发展。世界钢铁协会总干事埃德温·巴松认为"目前中国钢铁工业已经'干净'到了没有任何其他一个国家可以做到的程度"，绿色转型成效获国际认可。

（二）绿色交通运输体系加快推进

与发达国家相比，我国长期存在公路运输占比较高、货运结构不合理的问题。为此，我国着力推动交通运输结构调整，印发实施《推进运输结构调整三年行动计划》（2018—2020年），大力推进"公转铁""公转水"，淘汰老旧高排放车，推动新能源车发展、推动公共领域机动车电气化。2023年，全国铁路、水运货运量同比分别增长1%、9.5%，其中铁路货运量实现"七连增"，占比提升至10%左右，相当于每年减少40多万吨NO_x排放；累计淘汰老旧及高排放机动车超过4000万辆，基本淘汰黄标车，国四及以上排放标准的汽车占比由2013年的32.8%增长至2022年的84.5%，重点地区国五和国六车占比超过60%；截至2023年底，全国新能源汽车保有量超过2000万辆，占汽车总量的6.07%；其中纯电动汽车保有量1552万辆，占新能源汽车保有量的76.04%。全国新能源汽车保有量约占世界保有量的一半以上，位居世界第一，全国新能源公交车比例提升至70%以上，是全球第一大新能源车出口大国。

同时，全力推动机动车清洁化发展。印发《柴油货车污染治理攻坚战行动计划》，不断加大移动源NO_x减排力度。全面实施汽车国六b排放标准，实现从跟随欧美汽车排放标准到并跑再到逐渐领跑的跨越，车用柴油、普通柴油、部分船用燃料油实现"三油并轨"，油品质量实现国四到国六"三级跳"，机动车污染物排放控制水平、油品质量均达国际先进水平，结束了我国油品质量标准长期落后排放标准的状况，其中国六排放标准制订团队获联合国环境规划署与清洁空气协同联盟秘书处颁发的"2018年度气候与清洁空气奖"。

（三）城市环境治理结构不断优化

大气面源污染对人民群众蓝天获得感、幸福感的影响也不容忽视。我国将扬尘治理纳入重点领域，持续深化扬尘污染综合治理，强化施工、道路、堆场、裸露地面等扬尘管控，推进露天矿山综合整治。2013年，北方地区城市降尘量每平方公里每月最高可达30余吨，是发达国家的几十倍；如今，许多城市降尘量下降到个位数水平，扭转了施工工地砂石骨料开采等"暴土扬尘"的局面。持续深化秸秆综合利用，积极稳妥做好秸秆禁烧管控。近年来综合利用水平稳步提升。2023年全国秸秆综合利用率达88%以上，较2015年增长8个百分点。秸秆综合利用效能不断增强，产业化利用快速发展，构建了农用为主、多元利用的格局。以综合利用减少焚烧，以秸秆禁烧倒逼综合利用的良性互动机制日益形成。卫星遥感监测到全国秸秆焚烧火点数量呈减少趋势，空气质量明显改善。此外，我国还积极推动解决人民群众家门口的餐饮油烟、恶臭污染问题，组织编制餐饮油烟、恶臭污染治理典型案例汇编，推动化工、制药等行业以及垃圾、污水集中式处理设施等重点环节进一步加强恶臭治理。

（四）多污染物协同治理成效显著

当前，多种污染物相互耦合叠加作用愈加明显，为避免出现"解决一个问题后又出现一个新问题"的复合污染现象，我国坚持协同减排、源头防控，持续强化挥发性有机物（VOCs）综合治理。印发《重点行业挥发性有机物削减行动计划》等一系列政策文件，发布一批关于VOCs的产品质量标准，实施《挥发性有机物排污收费试点办法》，基本建成VOCs排放控制标准体系。积极推进重点行业涉VOCs污染源治理升级改造和监管，开展夏季臭氧污染防治监督帮扶，逐步开展环境空气 VOCs 监测，将 VOCs 排放重点源纳入重点排污单位名录，截至 2023 年底已累计完成 8.5 万个 VOCs 突出问题整改。

同时，积极推进重点行业污染超低排放改造和综合治理。重点行业实施超低排放改造是我国开展大气污染深度治理的标志性举措。我国加快燃煤和燃气锅炉低氮燃烧改造，深入推进钢铁、水泥、焦化行业超低排放改造。当前，我国燃煤电厂排放水平已达到天然气发电排放水平。此外，我国还强化工业企业无组织排放管理，针对重点区域和大气污染严重城市实施大气污染物特别排放限值，以京津冀及周边地区大型规模化畜禽养殖场为重点，联合农业农村部组织相关省市持续推进大气氨排放控制试点，制定实施减排核算技术规范。重污染天气应对体系不断完善，统一预警标准，纳入重污染天气应急减排清单企业达 39 万家，创新开展绩效分级、区域应急联动，有效应对污染过程。

（五）大气环境治理能力持续提升

大气污染治理交出的亮眼成绩，离不开逐步形成的中国特色大气污染防治新模式。我国逐步健全完善责任层层落实的工作机制。建立最严格的大气环境管理责任考核制度，首次将地方政府作为考核对象，创立包括空气质量改善目标和重点任务措施完成情况的双重指标评分体系，推动形成层层抓落实的良好工作格局。不断加大监督帮扶力度，将大气污染防治作为中央生态环境保护督察重要内容，推动各项大气污染治理政策措施落实形成闭环。2017—2023 年底，以"线上＋线下"结合方式对重点城市组织开展"压茬式""一竿子插到底式"

不间断监督帮扶，指导地方精准发现并解决各类环境问题 41 万余个，有效减少污染物排放。

同时，建立形成重大制度政策体系。两度修订完善《中华人民共和国大气污染防治法》，相继实施《大气污染防治行动计划》《打赢蓝天保卫战三年行动计划》《空气质量持续改善行动计划》，配套出台环境税、消费税、绿色信贷、差别电价等重大政策，并创新建立环境空气质量信息公开体系、省市县三级重污染天气应急预案体系、大气污染联防联控工作机制、"绩效分级、差异化管控"政策和全国城市空气排名制度，建立"预案制定——预测预报——预警发布——应急减排——执法督查——预警解除"的全流程工作模式和"事前研判——事中跟踪——事后评估"的技术支撑体系。截至 2023 年底，已有 65.1 万家工业企业纳入重污染天气应急减排清单，23.2 万家企业按行业实现环保绩效分级，实现污染过程全方位"削峰降速"，实时向公众提供空气质量监测信息，有效解决了大气污染治理"单打独斗"和"搭便车"问题。

此外，不断提高大气污染治理科学施策能力。自 2013 年起，逐步建成覆盖全国 6 大区域预报中心，形成国家和区域大尺度、省级中尺度、城市小尺度相互支持的"国家——区域——省级——市级"四级预报业务体系。并开发国家级预测预报模式，针对 $PM_{2.5}$ 污染过程预测准确率基本达到 100%，污染程度预测准确率达到 80% 以上。精准预报离不开高水准的空气质量监测体系。截至 2023 年底，国家城市环境空气质量监测点位从 2013 年的 661 个增加至 1734 个，覆盖全国 339 个地级及以上城市，构成天地一体化的空气质量监测网，同时建立 $PM_{2.5}$ 和 O_3 协同控制监测网，着力推进 1.2 万余个地方环境空气自动监测站与国家数据联网。

（六）不断夯实噪声污染治理工作

为解决好与人民群众生活息息相关的噪声污染问题，我国深入贯彻落实《中华人民共和国噪声污染防治法》（以下简称《噪声法》），16 个部门和单位联合印发《"十四五"噪声污染防治行动计划》（以下简称《行动计划》），系统谋划开展"十四五"期间的重点工作。联合全国人大环资委举办《噪声法》及配套制度培训班，参训人数达6300 余人。积极组织开展噪声敏感建筑物集中区域划定、宁静小区建设、城市噪声地图应用和治理评估等 4 批试点，覆盖全国 17 个省份、26 个市（区），深入探索噪声污染防治经验。

在工业、建筑施工和航空噪声污染控制方面，制定发布《排污许可证申请与核发技术规范　工业噪声》和《关于开展工业噪声排污许可管理工作的通知》，明确将工业噪声纳入排污许可管理；印发《低噪声施工设备指导名录（第一批)》，起草《民用运输机场周围区域民用航空器噪声污染防控行动方案（2023—2027 年)》，不断提高噪声污染控制能力。

此外，为加强噪声污染管理基础，积极组织全国 338 个地级及以上城市完成声环境功能区划分情况评估和监测点位核定，36 个重点城市已基本完成功能区声环境质量自动监测系统建设；联合印发《中国噪声污染防治报告（2023)》，系统展现全国噪声污染管理现状和工作亮点；按季度对群众反映强烈的噪声污染案件进行督办，推动解决一批损害群众利益的突出噪声问题；在生态环境部双微设置专栏，宣传各地噪声污染防治优秀典型案例。

三、着力打好碧水保卫战

水是生命之源、生产之要、生态之基，习近平总书记多次强调要持续打好碧水保卫战。党的十八大以来，各地区各部门聚焦解决老百姓身边的水生态环境突出问题，推动水环境质量发生了转折性变化。2023年，全国地表水优良水质断面比例为89.4%，已接近发达国家水平，劣 V 类水质断面比例为0.7%，较2012年分别改善27.8个百分点和10.2个百分点，万里长江、九曲黄河焕发新的活力，全国海洋生态环境质量总体改善，清水绿岸、鱼翔浅底的景象正在得以恢复。

（一）城乡饮用水安全保障水平有力提升

饮水安全关乎人民群众生命健康。习近平总书记强调，饮水安全是人民生活的一条底线，要确保所有城乡居民喝上清洁安全的水。2018年4月，中央财经委员会第一次会议将水源地保护作为打好污染防治攻坚战的七个标志性重大战役之一。各地区、各部门按照党中央、国务院决策部署，持续发力、攻坚克难，坚决打赢打好水源地保护攻坚战，全国城乡饮用水安全保障水平得到有效提升。

我国水源地保护法治体系日趋完善。《中华人民共和国水污染防治法》设置"饮用水水源和其他特殊水体保护"专章，对饮用水水源保护区划定调整和空间管控、污染风险调查评估和应急处置、水质监测和信息公开等作出规定；《饮用水水源保护区污染防治管理规定》明确饮用水水源保护区划分和防护要求，强化污染防治监督管理。"十三五"期间，我国组织开展集中式饮用水水源地环境保护专项行动，依法清理饮用水水源保护区内违法建设项目，累计完成 2804 个县级及以上水源地 10363 个问题整治，有力提升涉及 7.7 亿居民的饮用水安全保障水平。全面完成 10638 个"千吨万人"饮用水水源保护区划定，累计完成 1.98 万个乡镇级饮用水水源保护区划定，为农村水源地规范化建设奠定坚实基础。按年度组织开展全国集中式饮用水水源地基础信息和环境状况调查评估，建立健全水源地周边环境风险常态化监管体系。对地级城市、县级城镇水源地定期开展水质常规监测和全指标监测。全国 1300 余个城市水源地纳入污染防治攻坚战成效考核，各地综合采取污染防治、水源替代、水厂深度处理等措施，筑牢饮用水安全防线。2023 年，全国地级及以上城市、县级城镇水源地水质达标率分别达到 96.5%、94.8%，人民群众获得感、幸福感、安全感显著增强。

（二）城市黑臭水体基本消除

黑臭水体是群众身边的突出生态环境问题，事关民生福祉。党中央、国务院高度重视黑臭水体治理工作。2018 年 5 月，习近平总书记在全国生态环境保护大会上强调，要把解决突出生态环境问题作为民生优先领域，基本消灭城市黑臭水体，还给老百姓清水绿岸、鱼翔浅底的景象。党的二十大报告明确要求，基本消除城市黑臭水体。

为不断满足人民群众优美生态环境需要，我国大力推进黑臭水体治理，印发《城市黑臭水体治理攻坚战实施方案》，开展城市黑臭水体整治环境保护行动，全面推进黑臭水体排查整治。各地因地制宜实施内源污染治理和水体生态修复，大力推进控源截污，补齐城镇污水收集和处理设施短板，建立健全长效管理机制。"十三五"期间，地级及以上城市新建污水管网9.9万公里，新增污水日处理能力4088万吨，一批重大补短板、强弱项工程得以实施，全国295个地级及以上城市（不含州、盟）黑臭水体消除比例达98.2%，大大改善了城市人居环境。"十四五"期间，进一步完善黑臭水体清单动态管理机制，运用现场排查、群众举报、断面监测、卫星遥感等手段，精准识别黑臭水体突出问题和工作滞后地区。截至2023年底，地级及以上城市黑臭水体治理成效得到巩固，县级城市黑臭水体消除比例超过70%。昔日的一条条黑臭水体变成了一道道靓丽风景线，经济"凹地"蝶变为经济发展"高地"，有力促进了城市高质量发展、人民高品质生活。

（三）大江大河和重要湖泊保护治理取得积极进展

党的十八大以来，习近平总书记多次视察长江、黄河等大江大河和滇池、洱海、丹江口等重要湖库，强调要紧盯污染防治重点领域和关键环节，统筹水资源、水环境、水生态治理。

我国深入推进长江、黄河等大江大河保护治理。发布《重点流域水生态环境保护规划》，明确七大流域及三大片区重要水体水生态环境保护要点，制定规划重点任务措施清单，细化2437项任务措施。出台《深入打好长江保护修复攻坚战行动方案》，实施工业园区水污染整治、城市黑臭水体治理、打击固体废物环境违法行为、劣Ⅴ类国控断面整治、"三磷"（磷矿、磷化工企业、磷石膏库）专项排查整治、入河排污口排查整治、自然保护区监督检查、饮用水水源地整治等八大专项行动。各民主党派、无党派人士积极开展长江生态环境保护民主监督。构建长江流域水生态考核机制，开展长江流域水生态监测评估，引导各地加大生态保护修复力度。印发《黄河生态保护治理攻坚战行动方案》，开展沿黄河省（区）工业园区水污染整治，落实重点河湖水生态保护修复、污染水体消劣达标等举措，推动黄河流域生态环境持续改善。连续 5 年拍摄制作长江经济带生态环境警示片，连续 2 年拍摄制作黄河流域生态环境警示片，压实地方治理主体责任，推动大江大河生态保护治理取得显著成效。2023 年，长江干流国控断面连续四年全线达到 II 类水质，黄河干流国控断面连续两年全线达到 II 类水质。

加强重要湖泊保护治理。深化太湖、巢湖、滇池、洱海、呼伦湖、丹江口水库等水华预警防控，强化重点水域现场巡查，密切跟踪重要湖泊蓝藻水华情势，有效防控蓝藻水华及其次生灾害。2023 年，太湖蓝藻水华发生面积、发生天数和蓝藻密度均处于 2016 年以来最低水平。发布《"十四五"岱海水生态环境质量考核方案（试行）》，加大抚仙湖、洱海等高原湖泊保护治理力度，开展关键技术协同攻关，解决湖泊突出水生态环境问题。

从臭水湖到"城市会客厅"
——厦门筼筜湖的生态蝶变

20 世纪 70 年代，厦门向海要地，筑堤形成筼筜湖。随着周边地带建设开发，筼筜湖承受的环境压力越来越大，成了让人避之唯恐不及的臭水湖。1988 年 3 月，时任厦门市委常委、常务副市长的习近平同志主持召开专题会议，并创造性提出"20字方针"的治湖思路（即"依法治湖、截污处理、清淤筑岸、搞活水体、美化环境"）。30多年来，厦门始终坚持陆海统筹、河海联动、系统治理，"以一个湖带动一座城"，实现了从点到面、从水里到岸上、从单一治理到联合共治的转变。如今，筼筜湖区水质显著改善、水体流动性增强、生物多样性不断丰富、资源功能大幅提升、生态系统全面优化，成为厦门生态高颜值的金名片。

（四）海洋生态环境质量总体改善

海洋是人类生命活动的摇篮。在习近平生态文明思想科学指引下，我国坚持把海洋生态文明建设纳入海洋开发总布局之中，以近岸河口、海湾为重点，印发《"十四五"海洋生态环境保护规划》，推进"水清滩净、鱼鸥翔集、人海和谐"的美丽海湾建设，发布两批20个美丽海湾优秀案例。深入推进近岸海域污染的陆海统筹防治工作，因地制宜贯彻落实"一湾一策"的陆海污染防治措施，实施入海河流水质改善和总氮削减、入海排污口查测溯治、沿海城市点源和农业面源污染防治等攻坚任务，加强船舶、港口、海水养殖等污染防治及综合整治，开展海洋垃圾和微塑料摸底调查和清理活动，把好入海排污口和入海河流这两道关键"闸口"，全面提升海湾环境品质和生态服务功能。对于渤海、长江口—杭州湾、珠江口邻近海域等海洋生态环境问题相对集中和突出的重点区域，先后印发实施《渤海综合治理攻坚战行动计划》《重点海域综合治理攻坚战行动方案》等，把重点海域生态环境质量改善要求落实到京津冀协同发展、粤港澳大湾区建设、长三角一体化发展等国家战略中，压实沿海各级政府和涉海企事业单位等的治理责任。

此外，我国还不断提高海洋生态环境监管效能，强化海洋环境监督管理和应急能力建设，印发《全国海洋倾倒区规划（2021—2025年)》《海洋石油勘探开发溢油污染环境事故应急预案》等，加大海洋生态环境执法力度，将海洋污染防治和生态保护等纳入《生态环境保护综合行政执法事项指导目录》，开展沿海地区全覆盖中央生态环境保护督察和"碧海""绿盾"等专项监督执法行动，对海洋生态环境相关违法违规行为形成强有力震慑。当前，全国海洋生态环境总体改善，局部海域生态系统功能明显提升。2023 年，全国近岸海域水质优良比例达到 85%，较 2012 年提升了 21.3 个百分点，率先实施渤海综合治理攻坚战，30 项有明确时间节点的任务全部高质量完成，努力让老百姓享受碧海蓝天、洁净沙滩。

开展入河入海排污口监督管理工作

生态环境部高度重视入河入海排污口监督管理工作。2019 年以来，先后开展了长江入河排污口、渤海入海排污口、黄河入河排污口排查整治试点，先行先试积累经验。2022 年，国务院办公厅印发《关于加强入河入海排污口监督管理工作的实施意见》，生态环境部会同水利部制定出台

《关于贯彻落实〈国务院办公厅关于加强入河入海排污口监督管理工作的实施意见〉的通知》，从开展排查溯源、实施分类整治、严格监督管理等方面，明确具体要求。推进"排查、监测、溯源、整治"配套标准规范制修订工作，构建"市县自查——省级核查——流域海域局抽查"的监管模式，建立健全季度调度、通报反馈、核实销号的闭环管理机制，指导督促各地扎实开展各项工作。建成全国入河入海排污口监督管理信息化平台，满足排污口排查、监测、溯源、整治、设置审批、日常监管等数据信息化、可视化管理需求。截至 2023 年底，全国七大流域累计排查 50 万公里河湖岸线，查出入河排污口 25 万余个，约三分之一完成整治；环渤海 18886 个入海排污口整治完成率达到 66.3%，其他沿海省份也全面启动了入海排污口排查整治工作。

（五）水生态环境治理体系加快健全

我国坚持水资源、水环境、水生态"三水统筹"，立足新时代增强陆海污染防治协同性和生态环境保护整体性，持续深化水资源和海洋生态环境管理体制机制改革，在七大流域分别设立流域海域生态环境监督管理局，将海洋环境保护职责整合到新组建的生态环境部，打通水里与岸上、陆地与海洋，实现了水生态环境保护统一监管。积极开展流域区域协作，推动构建流域—河口—近岸海域污染防治和生态保护修复联动机制，形成上下游、左右岸协同共治的良好局面。

为夯实水生态环境保护法治和制度基础，我国先后制定、修订水污染防治法、长江保护法、黄河保护法、海洋环境保护法等法律法规，发布有关行动计划、发展规划等系列政策文件，颁布66项国家水污染物排放标准，各地依法制定地方水污染物排放标准123项。河北省出台永定河、潮白河、滦河及冀东沿海流域水污染物排放标准。山东、江苏、安徽、河南四省发布南四湖流域水污染物综合排放标准，自2024年4月1日起统一实施。这是首个由国家牵头统一编制，以地方标准形式发布的流域型综合排放标准，对于推动流域区域统一排放管控要求，推进上下游、左右岸协同保护具有重要意义。深化水功能区和入河入海排污口设置管理改革。建立完善流域生态保护补偿机制，21个省份19个流域签订横向生态保护补偿协议。

为提升水生态环境治理现代化水平，我国逐步完善监测网络体系，设置国家地表水环境质量监测断面3646个，建设国家地表水水质自动监测站1946个，建成重点流域全覆盖、省市交界全覆盖的地表水环境质量监测网络；设置国家地下水环境质量考核点位1912个；建成以1359个海水质量国控监测点位为基础框架的海洋生态环境监测网。强化信息公开和公众参与，发布两批共56个美丽河湖。

四、扎实推进净土保卫战

土壤是地球一切生物及非生物的载体，也是污染物的最终受体，做好土壤污染防治事关重大。我国高度重视土壤污染防治，顺利完成净土保卫战阶段目标任务，土壤环境风险得到有效管控，农村环境质量明显改善，土壤环境质量发生了基础性变化，让人民群众"吃得放心、住得安心"。

（一）土壤环境管理基础体系不断夯实

土壤安全事关老百姓的"米袋子""菜篮子""水缸子"，是筑牢健康人居环境的首要基础。通过开展全国土壤污染状况详查、化工园区、危废处置场、典型垃圾填埋场和典型铅锌矿区等重点污染源地下水环境状况调查评估等系列工作，初步摸清污染家底，初步查明我国农用地土壤污染的面积、分布及其对农产品质量的影响，掌握重点行业企业用地土壤和地下水潜在环境风险情况，基本掌握713个化工园区及285个危险废物处置场和垃圾填埋场（"两场"）的地下水污染状况。初步建成并运行国家土壤环境监测网络和地下水环境质量考核监测网，实现土壤环境质量监测点位所有县（市、区）全覆盖。

同时，建立完善管理体系。于2018年出台第一部土壤污染防治的基础性法律《中华人民共和国土壤污染防治法》，确立了"预防为主、保护优先、分类管理、风险管控"的土壤污染防治原则。先后出台《畜禽规模养殖污染防治条例》《地下水管理条例》，修订《土地管理法实施条例》，增加土壤污染防治要求，先后发布污染地块、农用地、工矿用地土壤环境管理办法等3项部门规章，制定农用地、建设用地土壤污染风险管控标准，修订农田灌溉水质标准，制修订30余项土壤、地下水、农业农村生态环境保护有关技术规范，形成了"一法两条例三部令"的法规体系和配套标准规范体系，充分发挥土壤污染防治部际协调小组机制作用，建立了齐抓共管的土壤地下水源头防控机制。

（二）土壤污染风险得到有效管控

习近平总书记多次强调，加强土壤污染治理和修复，着力解决土壤污染危害农产品安全和人居环境健康两大突出问题。党的二十大报告强调，加强土壤污染源头防控。党的十八大以来，大力实施农用地土壤镉等重金属污染源头防治行动，重点指导受污染耕地集中的县域开展污染溯源，支撑精准治污。重点整治污染耕地周边历史遗留废渣及水体重金属污染底泥，在重点区域执行颗粒物和镉等重金属特别排放限值，大力减排重金属，降低灌溉用水或洪水挟带废渣底泥以及大气重金属沉降污染土壤风险，同时，蓝天、碧水、净土三大保卫战协同发力，解决了一大批影响土壤环境质量的水、大气、固体废物突出污染问题。加强与自然资源部门合作，实施一批废弃矿山生态修复项目，山绿则水清，水清则土净。我国组织实施124个土壤污染源头管控重大工程项目，推动1851家土壤污染重点监管单位实施绿色化改造，2796家重点行业企业实施清洁生产改造，有效加强在产企业土壤污染源头防控。同时，配合农业农村部完成耕地土壤环境质量类别划分，实施农用地分类管理，部署受污染耕地安全利用目标任务，对严格管控类耕地落实风险管控措施情况开展遥感监测和现场核实。严格建设用地准入管理，建立自然资源、生态环境等部门间的信息共享机制，实行联动监管，确保土地开发利用符合土壤环境质量要求，推动全国近10万个地块开展土壤污染状况调查评估，累计将近2000个地块列入建设用地土壤污染风险管控和修复名录，推进 13 个地区开展土壤污染防治先行区建设。当前，我国土壤污染风险得到有效管控，在产企业和农用地污染源头防控初见成效，耕地和重点建设用地安全利用得到有效保障。顺利完成"十三五"受污染耕地安全利用率和污染地块安全利用率"双 90%"目标任务。2021 年以来，全国受污染耕地安全利用率稳定在 90% 以上，重点建设用地安全利用得到有效保障，土壤重点风险点重金属含量整体呈下降趋势。

（三）地下水生态环境保护稳步推进

确保地下水质量和可持续利用是重大的生态工程和民生工程。我国全面落实《水污染防治行动计划》《地下水管理条例》确定的有关目标任务，深入实施《全国地下水污染防治规划（2011—2020 年）》《地下水污染防治实施方案》，持续开展全国地下水环境状况调查评估，初步建立地下水型饮用水水源和地下水污染源（"双源"）清单，掌握城镇 1862 个集中式地下水型饮用水水源和 16.3 万个地下水污染源基本信息。同时，强化地下水保护，推进全国 97 个地市完成地下水污染防治重点区划定，重点保障地下水型饮用水水源安全。加强地下水污染预防，推动全国 31 个省份建立地下水污染防治重点排污单位名录，防治工矿企业新增地下水污染。探索开展地下水污染风险管控和修复，指导 21 个地下水污染防治试验区建设，探索形成系列管理制度和防污治污技术经验模式。积极实施国家地下水监测工程，建成国家地下水监测站点 20469 个，构建由 1912 个点位组成的国家地下水环境质量考核监测网，并连续开展 3 年监测，为地下水生态环境保护成效评估提供有力支撑。

在产企业土壤和地下水污染防治案例

浙江省衢州市常山县某工业园区曾因历史原因，工业废水、化工废料污染土壤和地下水，先后被列入中央生态环境保护督察反馈问题、浙江省委"七张问题清单"。为此，该园区投入 4.7 亿元，通过"查污"，推动企业整改 450 余项污染隐患；聚焦"停污"，清除废旧管道 1000 余米，清理处置污染土壤 1 万余吨；实施"截污"，设置 99 座截流井，建设止水帷幕，截断受污染地下水；加强"治污"，设置 18 个注药井进行原位注药，建设可渗透反应墙（PRB）系统，确保地下水达标；落实"减污"，出清 17 家散乱污企业，新建污水处理厂等一批保障性工程；开展"验污"，建成 47 个长期监测井，评估成效。目前，园区污染物浓度总体下降 75% 以上，出境水 100% 保持Ⅱ类水，群众满意度大幅提升，规上工业产值同比增长 30.5%，亩均税收同比增长 109.2%。

（四）农业农村生态环境保护成效明显

中国要美，农村必须美。我国将农业农村污染治理攻坚战作为七大标志性战役之一，持续深化农村人居环境整治，将乡村生态环境基础设施建设纳入乡村建设行动，因地制宜推进农村厕所革命、生活污水治理、生活垃圾处理，加快整治农村黑臭水体。截至 2023 年底，

"十四五"累计开展 60 余万个行政村环境整治，完成 3100 余个较大面积农村黑臭水体治理，农村生活污水治理（管控）率达到 40% 以上，全国农村生活垃圾得到收运处理的行政村比例稳定保持在 90% 以上，完成治理的村庄，农村污水等会引发的蚊虫滋生、臭味扰民等脏乱差问题得到扭转，人居环境明显改善。

同时，统筹推进农业面源污染防治。配合农业农村部积极实施化肥农药减量增效行动和农膜回收行动，主要农作物化肥利用率、农药利用率、农膜回收率、畜禽粪污综合利用率指标持续上升，化肥施用量、农药使用量指标持续减少。配合中财办等部门印发《关于有力有序有效推广浙江"千万工程"经验的指导意见》，要求聚焦农业面源污染突出区域优化农业产业结构，提高粮食作物配方肥供应，降低经济作物化肥施用强度，依法建立畜禽粪污收运利用系统，明确工作重点和方向。印发《全国农业面源污染监测评估实施方案（2022—2025年)》《农业面源污染治理与监督指导实施方案（试行)》，初步构建全国农业面源污染监测网络。全国 611 个畜牧大县完成畜禽养殖污染防治规划编制印发，畜禽养殖污染治理稳步推进，聚焦氮、磷污染问题突出的水体所在流域区域，推动农业面源污染系统治理。此外，积极建设宜居宜业美丽乡村。各地陆续探索出一条同地方经济发展水平相适应、同当地文化和风土人情相协调的美丽乡村建设路径，打造了各具特色的现代版"富春山居图"。

五、加强固体废物和新污染物治理

固体废物和新污染物治理是生态文明建设的重要内容，是建设美丽中国画卷不可或缺的重要组成部分。多年来，固体废物与化学品环境管理工作坚决贯彻落实党中央重大决策部署，紧紧围绕以生态环境质量改善为核心，以推进绿色低碳发展为导向，以解决人民群众反映强烈的突出环境问题为重点，以有效防范生态环境风险为底线，推动多项改革和重点工作取得突破性进展，固体废物环境治理能力和水平大幅提升，危险废物全过程环境风险得到有效管控，重点领域固体废物污染防治成效显著；化学品环境管理进入新阶段，新污染物治理工作迈出关键一步，固体废物与化学品环境管理发生历史性、转折性、全局性变化的特征更加显著。

（一）固体废物进口管理制度改革圆满完成

全面禁止"洋垃圾"入境，推进固体废物进口管理制度改革，是党中央、国务院在新时期新形势下作出的一项重大决策部署，是我国生态文明建设的标志性举措。从 2017 年到 2020 年，我国持续减少进口固体废物种类和数量，严厉打击涉洋垃圾违法犯罪行为，完善固体废物进口管理法规制度，加快构建国内废旧物资循环利用体系。经过 4 年努力，全面完成禁止洋垃圾入境改革工作。改革期间，累计减少固体废物进口量 1 亿吨左右，同时国内再生资源回收量由改革前2016 年的 2.56 亿吨增加到 2021 年的 3.81 亿吨。2021 年 1 月 1 日，《关于全面禁止进口固体废物有关事项的公告》全面实施，如期实现在2020 年底固体废物零进口目标，发达国家将我国作为"垃圾场"的历史一去不复返了，相关举措成为重塑国际固体废物循环利用秩序的重要推动力量。有关改革成果被写入《中共中央关于党的百年奋斗重大成就和历史经验的决议》。

（二）"无废城市"建设全面推开

党中央、国务院高度重视"无废城市"建设工作。2018年国务院办公厅印发《"无废城市"建设试点工作方案》，生态环境部会同相关部门指导深圳等11个试点城市和雄安新区等5个地区积极开展试点改革，取得明显成效。试点城市和地区提升了固体废物利用处置能力和监管水平，累计完成固体废物利用处置工程项目近400项、相关保障能力任务800多项，形成97项改革举措与经验模式，顺利完成改革任务。"十四五"时期，为贯彻落实《中共中央　国务院关于深入打好污染防治攻坚战的意见》，在总结试点经验基础上，2021年生态环境部会同17个部门印发《"十四五"时期"无废城市"建设工作方案》，筛选确定113个地级及以上城市和8个特殊地区开展"无废城市"建设，指导相关城市编制印发实施方案，114个城市和地区成立了"无废城市"建设工作领导小组，约87%的城市和地区建立工作协调、信息通报、考核、简报等工作机制。积极推动浙江省、江苏省、重庆市等15个省份印发全域或次第推进"无废城市"建设工作方案，长三角统筹推进固废危废污染联防联治，成渝地区深化"无废城市"共建，启动粤港澳"无废湾区"建设，"无废城市"建设呈现"以点带面"良好发展态势，"无废"理念逐步深入人心。

（三）新污染物治理有序推进

开展新污染物治理，是党中央、国务院深刻把握我国生态文明建设和生态环境保护工作发展规律，立足持续改善生态环境质量、满足人民群众日益增长的美好生活需要作出的重大决策部署。从"对新的污染物治理开展专项研究"到"重视新污染物治理",再到"加强新污染物治理",我国不断深入对新污染物治理的工作要求和力度。2022年印发《新污染物治理行动方案》,对新污染物治理工作进行全面系统部署,并逐步完善有毒有害化学物质环境风险管理法规制度和技术标准体系建设,成立新污染物治理部际协调小组和新污染物治理专家委员会。同时积极防控突出环境风险,印发《重点管控新污染物清单(2023年)》,推进环境风险评估,开展全国重点行业中重点化学物质环境信息调查,启动第一批化学物质环境风险优先评估计划,组织开展新污染物环境监测试点,并对14种类具有高环境风险的新污染物实施全生命周期环境风险管控措施,全面落实新化学物质环境管理登记制度。此外,积极参与全球治理。以履行《斯德哥尔摩公约》《水俣条约》为抓手,限制、禁止了一批公约管控的化学物质。截至2023年12月,淘汰了29种类持久性有机污染物,停止了公约管控的7个行业的用汞工艺和9大类添汞产品的生产。通过履约行动,我国每年减少了数十万吨持久性有机污染物、汞及汞化合物的生产和环境排放。

(四)危险废物全过程环境风险得到有效管控

强化危险废物监管和利用处置能力改革,源头严防、过程严管、后果严惩的监管体系基本建立。利用处置能力短板基本补齐,非法转移倾倒案件多发态势得到有效遏制。一是提升能力,着力补齐短板。推动全面提升危险废物环境监管和利用处置能力和水平。信息化监管能力不断加强,初步实现固体废物环境管理信息系统全国"一张网"。截至2023年底,全国危险废物集中利用处置能力约2.1亿吨/年,较

"十三五"末提高49%。各地稳步提升医疗废物处置能力，确保医疗废物及时转运并妥善处置，筑牢疫情防控"最后一道防线"。二是先行先试，疏解难点堵点。统筹推进废铅蓄电池收集等试点工作，截至2023年底，全国共建设废铅蓄电池集中转运点900余个、收集网点1.4万余个；开展小微企业危险废物收集试点，服务超25万家小微企业，有效打通收集"最后一公里"。支持中国石化开展全国首个"无废集团"建设试点，促进行业龙头企业危险废物减量化、资源化和无害化。探索开展危险废物"点对点"定向利用以及优化跨省转移管理试点，提高跨省转移时效，促进危险废物资源化利用。三是严管严打，化解风险隐患。组织开展危险废物专项整治三年行动和废弃危险化学品等危险废物风险集中治理，累计排查8.6万余家企业发现的3.5万个问题全部完成整治。深化危险废物规范化环境管理评估，督促危险废物相关单位履行法定义务。连续3年开展打击危险废物环境违法犯罪专项行动，全国查处危险废物环境违法案件1.5万起，向公安机关移送涉危险废物刑事案件2500余起，有效化解环境风险隐患。

（五）尾矿和重金属污染治理水平不断提升

聚焦重点领域，加强风险防控，不断推动尾矿和重金属污染治理水平提升。强化尾矿污染治理分类分级管控和风险隐患排查治理。制定完善尾矿库环境管理法规标准，建立尾矿库污染隐患排查治理制度和尾矿库分类分级环境监管制度，从2020年开始每年组织开展尾矿库污染隐患的全面排查，有效防范了汛期环境风险，同时聚焦长江经济带、黄河流域以及嘉陵江上游尾矿库治理，持续提升尾矿库环境治理设施运行和风险防控水平。推动重金属污染防控取得积极成效，

2013 年以来，我国先后编制实施《重金属污染综合防治"十二五"规划》《土壤污染防治行动计划》《关于进一步加强重金属污染防控的意见》，以重点区域、重点行业和重点企业为抓手，持续加大重金属污染治理力度，初步建立起相对完善的重金属污染防治体系和事故应急体系，实施重金属排放总量减排措施，2020 年底全国超额完成重点行业重点重金属比 2013 年减排 10%的目标任务，涉重金属环境事件高发频发态势得到有效遏制。

六、持续深入推进环境污染防治

党的二十大报告指出：坚持精准治污、科学治污、依法治污，持续深入打好蓝天、碧水、净土保卫战。持续深入打好污染防治攻坚战要正确处理好重点攻坚和协同治理的关系，以重点突破带动全局工作提升。同时要强化目标协同、多污染物控制协同、部门协同、区域协同、政策协同，更加注重综合治理、系统治理、源头治理。要保持力度、延伸深度、拓展广度，锚定精准治污的要害、夯实科学治污的基础、增强依法治污的保障，以更大决心、更强力度、更实举措，推动污染防治攻坚战在重点区域、重点领域、关键指标上实现新突破。

（一）持续深入打好蓝天保卫战

持续深入打好蓝天保卫战，时间紧、任务重、难度大。要强化大气污染防治顶层设计，坚持稳中求进总基调，以改善空气质量为核心，以减少重污染天气和解决人民群众身边的突出大气环境问题为重点，科学制定空气质量改善目标，并以大气流场、传输规律为基准，优化调整大气污染防治重点区域，加强区域联防联控，不断满足大气管理新形势新要求。同时，要继续以 $PM_{2.5}$ 控制为主线，着力推进 NO_X 和 VOCs 减排，协同控制臭氧污染，实施好重污染天气消除、柴油货车等污染治理攻坚战，持续推动"四大结构"调整，强化源头治理，继续抓好散煤、燃煤锅炉、工业炉窑污染治理；高质量实施钢铁行业超低排放改造，将超低排放改造范围扩大到焦化和水泥行业；持续提高铁路运输和水运比例，打造零排放货运试点，加强机动车和检验机构监督检查；要下大力气解决老百姓家门口的噪声、餐饮油烟、恶臭等问题，持续推进京津冀及周边地区大气氨排放控制试点工作，严格秸秆禁烧管控，严防因秸秆集中焚烧引发重污染天气，严格落实扬尘污染防治"六个百分之百"，实行沙化土地分类保护，强化重点地区沙化土地治理等。此外，还要继续加强大气监督帮扶、着力提升空气质量监管能力和预报体系、强化科技支撑水平，推动大气污染治理走向深入。深入贯彻落实《中华人民共和国噪声污染防治法》《空气质量持续改善行动计划》，开展噪声污染防治目标考核，持续推动声环境质量监测体系建设，加强噪声污染管理基础，有序推进宁静小区建设试点工作，提高噪声污染社会共治水平。

国务院印发《空气质量持续改善行动计划》

为持续深入打好蓝天保卫战，国务院于 2023 年 11 月 30 日印发《空气质量持续改善行动计划》（以下简称《行动计划》），这是继《大气污染防治行动计划》《打赢蓝天保卫战三年行动计划》之后发布的第三个"大气十条"。其主要内容包括"四个明确"，即明确了总体思路、明确了改善目标、明确了重点任务、明确了责任落实。《行动计划》不仅传承、延续了过去行之有效的经验做法，还出台了新的解决思路与特色做法：一是突出工作重点，坚持以改善 $PM_{2.5}$ 为主线，明确 $PM_{2.5}$ 下降目标；二是坚持系统治污，大力协同推进产业、能源、交通结构调整，尤其是交通领域的绿色低碳转型发展，突出 NO_X、$VOCs$ 等多污染物协同减排；三是强化联防联控，京津冀及周边地区已经由"2+26"城市变为"2+36"城市，长三角与京津冀基本上协同打通，整体解决东部地区的大气污染。《行动计划》的出台将不断提升人民群众蓝天获得感，助力实现以空气质量持续改善推动经济高质量发展目标。

（二）持续深入打好碧水保卫战

当前，我国水生态环境保护依然存在不平衡不协调问题，部分地区城乡面源污染问题突出，部分断面水质易出现波动反弹，重点湖泊蓝藻水华时有发生。新时期的水生态环境保护工作，要以改善水生态环境质量为核心，以落实重点流域水生态环境保护规划为主线，统筹水资源、水环境、水生态治理，健全流域海域水生态环境管理体系，推进地上地下和陆域海域协同治理，实现"有河有水、有鱼有草、人水和谐"。要深入推进大江大河和重要湖泊保护治理，从生态系统整体性和流域系统性出发，综合施策，源头治理，系统治理。扎实推进水源地规范化建设和备用水源地建设，保障好城乡饮用水安全。深入开展入河入海排污口排查、监测、溯源、整治和工业园区水污染治理，加快补齐城镇污水收集和处理设施短板，因地制宜开展内源污染治理和生态修复，基本消除城乡黑臭水体并形成长效机制。坚持陆海统筹、河海联动，深入打好重点海域综合治理攻坚战，以海湾为基础单元和行动载体，"一湾一策"协同推进近岸海域污染防治、生态保护修复和岸滩环境治理，实现"水清滩净、鱼鸥翔集、人海和谐"。健全水生态环境法规标准制度体系，加强科技创新和技术进步，大力推进重点领域、关键环节试点示范，加快建成美丽河湖、美丽海湾。

（三）持续深入打好净土保卫战

当前，我国土壤污染源头防控压力较大，农用地和建设用地安全利用任重道远，地下水环境质量不容乐观、污染防治基础薄弱，农村环境整治任务复杂繁重。要以实现土壤和地下水环境质量稳中向好为核心，以保障农产品质量安全和人居环境安全为出发点，实施土壤污染源头防控行动，坚持"保护优先、预防为主、风险管控"原则，持续推进农用地土壤镉等重金属污染源头防治和安全利用，强化在产企业土壤与地下水污染源头防控，加强关闭搬迁企业腾退地块土壤污染管控，防控化工园区等重点污染源地下水污染扩散，全面管控耕地和建设用地土壤环境风险。同时坚持因地制宜、实事求是，深化农村环境整治，以开展美丽乡村示范县为抓手，推动村庄环境根本好转，生态环境不断改善；并统筹推进农业面源污染防治与农业绿色发展，夯实乡村生态振兴的绿色底色，推动农村生态文明建设。此外，要推动完善农业面源和地下水污染防治的法律标准规范体系，加强土壤环境和农村生态环境的监督检查与考核管理，推动建立齐抓共管的源头防控机制和多元共治格局，加大对土壤污染防治和农村环境整治的科技和资金支持力度。

（四）强化固体废物和新污染物治理

落实党的二十大报告中关于"加快构建废弃物循环利用体系""开展新污染物治理"等部署要求，更好地统筹城市发展与固体废物管理，坚持"减量化、资源化、无害化"原则、聚焦减污降碳协同增效，持续深入推进"无废城市"高质量建设，推动"无废城市"建设投融资试点工作。深化区域"无废城市"共建，支持浙江等15个省份全域或梯次推进"无废城市"建设，培育一批"无废细胞"。推动磷石膏、退役光伏组件等固废回收利用处置。要进一步完善塑料污染全链条治理体系，提高白色污染治理水平。持续深入推进强化危险废物监管和利用处置能力改革，加快补齐能力短板。要健全新污染物治理体系，推动新污染物治理行动方案全面落实，建立健全有毒有害化学物质环境风险管理法规制度体系和管理机制，以有效防范新污染物环境与健康风险为核心，以精准治污、科学治污、依法治污为工作方针，遵循全生命周期环境风险管理理念，统筹推进新污染物环境风险管理，提升新污染物治理能力。全面深入落实新化学物质环境管理登记制度。要深化巩固全面禁止"洋垃圾"入境成果，严防各种形式的固体废物走私和变相进口。加快推动危险废物"1+6+20"重大工程建设，持续深化危险废物规范化环境管理评估，大力推进危险废物信息化环境管理。健全尾矿库分级环境监管制度，扎实推进长江经济带、黄河流域尾矿库污染治理。深入开展重点行业重金属污染防治，推动实施一批重金属减排工程，持续减少重金属污染物排放，加强涉铊污染源排查整治。

第四章 提升生态系统多样性、稳定性、持续性

> 要着力提升生态系统多样性、稳定性、持续性，加大生态系统保护力度，切实加强生态保护修复监管，拓宽绿水青山转化金山银山的路径，为子孙后代留下山清水秀的生态空间。
>
> ——2023 年 7 月 17 日，习近平总书记在全国生态环境保护大会上的讲话

党的二十大报告指出，大自然是人类赖以生存发展的基本条件，要站在人与自然和谐共生的高度谋划发展，推进美丽中国建设，坚持山水林田湖草沙一体化保护和系统治理，提升生态系统多样性、稳定性、持续性。习近平总书记在全国生态环境保护大会上再次强调，要着力提升生态系统多样性、稳定性、持续性，加大生态系统保护力度，切实加强生态保护修复监管，为子孙后代留下山清水秀的生态空间。党的十八大以来，我国自然生态保护工作取得历史性成就、发生历史性变革。

一、山水林田湖草沙是不可分割的生态系统

山水林田湖草沙是一个生命共同体，是不可分割的生态系统。提

升生态系统多样性、稳定性、持续性，必须从生态系统整体性出发，统筹推进山水林田湖草沙一体化保护和修复，更加注重综合治理、系统治理、源头治理。

（一）山水林田湖草沙是生命共同体

习近平总书记指出，"生态是统一的自然系统，是相互依存、紧密联系的有机链条。人的命脉在田，田的命脉在水，水的命脉在山，山的命脉在土，土的命脉在林和草，这个生命共同体是人类生存发展的物质基础。"生态系统是一个有机生命躯体，如果种树的只管种树、治水的只管治水、护田的单纯护田，很容易顾此失彼，最终造成生态的系统性破坏。一定要算大账、算长远账、算整体账、算综合账，如果因小失大、顾此失彼，最终必然对生态环境造成系统性、长期性破坏。

因此，应该统筹治水和治山、治水和治林、治水和治田、治山和治林等，要坚持山水林田湖草沙一体化保护和系统治理，构建从山顶到海洋的保护治理大格局，综合运用自然恢复和人工修复两种手段，因地因时制宜、分区分类施策，努力找到生态保护修复的最佳解决方案。

构建从山顶到海洋的保护治理大格局

近年来，厦门始终遵循"山水林田湖草沙是生命共同体"理念，一体化推进各类生态保护修复工程项目，不断构建从山顶到海洋的保护治理大格局，描绘出一幅以习近平生态文明思想指导海湾型城市生态保护修复的壮丽图景。

20世纪80年代，厦门海拔最高、最偏远的行政村之一——军营村周边森林被砍伐殆尽，生态破坏导致水土流失严重，与经济特区建设水平形成鲜明反差。为此，习近平同志在福建工作期间因地制宜提出"山上戴帽，山下开发"的发展思路，即山上植树造林保护生态，山下种果种茶发展经济。如今，军营村是远近闻名的茶叶园、旅游村，家家都种高山茶，开了70多家民宿，优良的生态正在成为村民们的"摇钱树"。

基于对环境问题的敏锐把握，习近平同志到任厦门的第二年即牵头组织编写《1985年—2000年厦门经济社会发展战略》，第一次将生态环境保护和建设纳入特区发展战略重要目标。厦门成立了专门研究解决海洋管理工作热点、难点问题的海洋管理办公室，在全国率先组建专业化的海上保洁队伍，加强砂石土管理，对裸露的山体进行复绿，一系列举措有效遏制了生态环境恶化势头。

2002年，时任福建省委副书记、省长的习近平到厦门调研，创造性地提出"提升本岛、跨岛发展"的战略，要求"把凸显城市特色与保护海湾生态相结合"。由此，厦门海洋生态修复开始不断拓展，从陆地到海洋、从湖泊到海湾、从流域到全域。为了打造生态海湾，厦门先后对五缘湾、杏林湾、马銮湾等 5 个湾区进行综合整治，让人为隔断的海域重新连片畅通，为中华白海豚生存拓展了空间；为了重构红树林湿地，厦门种植红树林面积达 173.9 公顷；为了筑就美丽的海岸线，厦门先后完成 165 万平方米的滨海沙滩修复整治，海滩修复的成功经验成为指导我国沙滩修复的指南。

如今，绿色发展已经贯穿厦门经济社会发展的各方面和全过程，海洋生产总值连年保持 10% 以上增长，累计完成海洋碳汇交易 14 万吨，占全国蓝碳交易市场份额一半以上。厦门正在继续着力一体化推进各类生态保护修复工程项目，加快构建从山顶到海洋的保护治理大格局，不断促进"山、海、产、城、人"相融共生。

（二）多样性、稳定性、持续性是生态系统健康发展的内在要求

从党的十九大报告提出"加大生态系统保护力度"到党的十九届五中全会提出"提升生态系统质量和稳定性"，再到党的二十大提出"提升生态系统多样性、稳定性、持续性"，彰显了党对生态保护修复工作的规律认识、实践创新和理论升华。这意味着生态保护及其监管要从生态要素转向生态系统整体功能、从单纯保护转向践行"绿水青山就是金山银山"理念，从生态保护修复转向生态系统健康，要更加注重理念与制度相成、保护与发展共赢、治标与治本兼顾、整体与重点协同。

提升生态系统的多样性、稳定性、持续性是生态保护修复的综合性目标，三者具有内在的必然联系。多样性是稳定性的重要基础，稳定性是持续性的必然要求，生态系统持续稳定又有助于促进多样性。提升生态系统多样性，重在提高生态系统综合服务功能，为人民群众提供更多更好的生态产品和服务；提升生态系统稳定性，重在提高生态系统质量，维护国家生态安全；提升生态系统持续性，重在保证生态系统可持续发展，保障经济社会高质量发展。

（三）坚持系统思维加强生态保护

系统思维是具有基础性的思想和工作方法。党的二十大报告强调，必须坚持系统观念，万事万物是相互联系、相互依存的。只有用普遍联系的、全面系统的、发展变化的观点观察事物，才能把握事物发展规律。习近平总书记提出要正确处理好重点攻坚和协同治理的关系，是系统观念在生态文明建设具体实践中的深化运用。生态环境治理是一项系统工程，需要统筹考虑环境要素的复杂性、生态系统的完整性、自然地理单元的连续性、经济社会发展的可持续性，立足全局，坚持系统观念，谋定而后动。

坚持系统思维加强生态保护，就是要坚持山水林田湖草沙一体化保护和系统治理，按照生态系统的整体性、系统性及其内在规律，统筹考虑自然生态各要素、山上山下、地上地下、岸上水里、城市农村、陆地海洋以及流域的上下游，进行整体保护、系统修复、综合治理，增强生态系统循环能力，维护生态平衡。

二、生态系统质量和稳定性稳步提升

党的十八大以来，我国在全面加强生态保护的基础上，不断加大生态修复力度，持续推进大规模国土绿化、湿地与河湖保护修复、防沙治沙、水土保持等重点生态工程，部署实施六批共 52 个山水林田湖草沙一体化保护和修复工程，取得了显著成效。目前，我国生态恶化趋势基本得到遏制，生态系统格局整体稳定，生态系统质量持续改善，生态系统水源涵养、土壤保持和生物多样性维护功能基本稳定，防风固沙和碳汇功能明显增强。森林、草地、荒漠、湿地等主要自然生态系统保护修复成效显著。

（一）森林资源总量持续快速增长

我国重点开展了森林保护与修复工作，组织实施了大规模国土绿化、天然林资源保护、退耕还林等多项工程，推动森林生态系统质量整体改善。

大规模国土绿化行动成效明显。党的十八大以来，我国累计造林10.2 亿亩、森林抚育 12.4 亿亩，人工造林规模世界第一，森林覆盖率增长到 24.02%，天然林面积蓄积量大幅度增加，森林面积和森林蓄积量连续 30 多年保持"双增长"，森林生态系统服务功能持续增加。我国成为全球森林资源增长最多最快和人工造林面积最大的国家，为全球贡献了近 10 年来四分之一的新增森林面积。

天然林保护修复体系和制度体系全面建立。我国不断加强天然林保护监管，实行天然林全面保护制度，建立了天然林保护约谈追责制度。出台《天然林保护修复制度方案》，重点实施天然林保护修复工程，通过严格森林管护、有序停伐减产、培育后备资源、科学开展修复等措施，工程建设范围由重点区域扩大到全国 31 个省区市，天然林商业性采伐由停伐减产到全面停止，天然林资源持续增长，生态功能显著提升，生态系统有效恢复。

退耕还林成果不断巩固。我国制修订《中华人民共和国森林法》《退耕还林条例》《退耕还林还草信息管理办法》《退耕还林还草作业设计技术规定》《退耕还林还草档案管理办法》等，基本建立起退耕还林还草高质量发展的制度体系。先后实施了两轮大规模还林还草工程，中央累计投入5700亿元，共计完成退耕还林还草任务2.13亿亩，同时完成配套荒山荒地造林和封山育林3.1亿亩，工程区林草植被大幅度增加，森林覆盖率平均提高4个百分点，创造了世界生态建设史上的奇迹，其资金投入、实施范围、群众参与均创历史新高，退耕还林还草贡献了全球绿色净增长面积的4%以上。

国家储备林建设取得积极进展。2012年，我国启动了国家储备林建设工程，推动构建木材安全保障体系。先后制定实施《"十四五"国家储备林建设实施方案》《国家储备林建设管理办法（试行）》等，配套中央财政补助政策、金融贷款政策等，至2022年建设范围涉及全国29个省（区、市）、六大森工（林业）集团和新疆生产建设兵团，累计建设国家储备林9200多万亩，木材储备得到有效增加。

（二）草地退化压力得到遏制

党的十八大以来，我国通过实施退牧还草、退耕还草、草原生态保护和修复等工程，以及草原生态保护补助奖励等政策，草原生态系统质量有所改善，草原生态功能逐步恢复。

草原保护制度体系不断完善。印发《关于加强草原保护修复的若干意见》，提出以完善草原保护修复制度、推进草原治理体系和治理能力现代化为主线，加强草原保护管理，推进草原生态修复，促进草原合理利用。编制实施《全国草原保护修复和草业发展规划（2021—2035 年）》，着力遏制草原退化趋势。

草原保护修复与监管不断加强。实施草原生态保护补助奖励政策，强化禁牧休牧、草畜平衡监管；实施退耕还草、退牧还草，开展草原保护修复重点项目；推行草原休养生息，保护天然草原，推动基本草原划定，实行严格保护管理。强化草原执法监管，提升草原监管执法人员履职能力，严厉打击、坚决遏制各种破坏草原资源的违法行为。

草原保护修复成效显著。党的十八大以来，草原生态持续恶化的状况得到初步遏制，部分地区草原生态明显恢复，草地减少趋势减缓，生态退化压力得到遏制。第三次全国国土调查数据结果显示，全国草地面积 26453.01 万公顷，草原综合植被盖度 50.32%，草原定位实现了从生产为主向生态为主的转变。

（三）湿地保护修复成效显著

党的十八大以来，党中央高度重视湿地保护和修复工作，把湿地保护作为生态文明建设的重要内容，作出一系列强化湿地保护修复、加强制度建设的决策部署，推动湿地生态状况持续改善。

湿地保护法律制度体系日趋完善。2021 年出台了首部专门针对湿地的法律《中华人民共和国湿地保护法》，引领我国湿地保护工作全面进入法制化轨道，明确了湿地资源调查评价、面积总量管控、分级管理、监测预警、用途管制、科学修复等重要制度，同时制修订《湿地保护管理规定》，印发《全国湿地保护规划（2022—2030 年）》等，为强化湿地保护和修复工作提供了重要依据。成立国家湿地科学技术专家委员会和全国湿地保护标准化技术委员会，建立了湿地领域标准化体系。

湿地保护修复与监管力度不断加大。我国初步建立了湿地保护管理体系，指定了82处国际重要湿地，建立了600余处湿地自然保护区、1600余处湿地公园和为数众多的湿地保护小区。党的十八大以来，安排中央资金169亿元，实施湿地保护项目3400多个，新增和修复湿地面积80余万公顷。将湿地保护率、湿地资源保护管理纳入林长制、河湖长制考核范围，压实地方政府湿地保护主体责任，将湿地保护成效纳入中央生态环境保护督察范围。建立常态化湿地破坏督察机制，加大对破坏湿地违法行为的查处力度。

湿地调查监测体系初步形成。我国是全球首个完成三次全国湿地资源调查的国家。第三次全国国土调查首次设立了"湿地"一级地类，通过调查掌握了湿地等地类的面积及分布。各地建立了湿地调查监测野外台站、实时监控和信息管理平台并逐步纳入国家林草感知系统，通过高新技术实现监测监管一体化。

湿地保护修复成效显著。通过实施湿地保护与恢复工程，湿地生态效益补偿、退耕还湿、湿地保护与恢复补助项目，以及互花米草防治专项行动等，全国重要湿地的生态状况得到有效改善，形成了全社会支持参与湿地保护的良好氛围。"十三五"期间新增湿地20.26万公顷，现有湿地面积约5635万公顷，是全球湿地类型最齐全的国家之一，湿地保护率达52.65%。根据《2022年度中国国际重要湿地生态状况监测成果》，国际重要湿地生态状况总体保持稳定，湿地水质呈向好趋势，水源补给状况保持稳定。截至2023年底，我国共有13个国际湿地城市，数量位居世界第一。

（四）荒漠化防治效果显著

党中央、国务院历来高度重视防沙治沙工作。党的十八大以来，在习近平生态文明思想指引下，坚持依法防治、科学防治，强化督查考核，全国防沙治沙工作取得了明显成效。

防沙治沙法律制度体系日臻完善。在顶层设计上，我国建立了以《中华人民共和国防沙治沙法》《中华人民共和国森林法》《中华人民共和国草原法》等法律为基础的法律体系，组织实施《全国防沙治沙规划（2011—2020 年）》《京津风沙源治理二期工程规划（2013—2022 年）》《岩溶地区石漠化综合治理工程"十三五"建设规划》《国家沙漠公园发展规划（2016—2025 年）》等规划，高质量推进防沙治沙工作。工程实施力度不断加大。我国重点实施了京津风沙源治理、"三北"防护林体系建设、退耕还林还草、水土保持等工程，以及沙化土地封禁保护区、规模化防沙治沙项目等。党的十八大以来，累计完成防沙治沙 2.78 亿亩、种草改良 6 亿亩，沙化土地封禁保护面积达 2658 万亩，建立全国防沙治沙综合示范区 41 个、国家沙漠公园 98 个，以工程实施推动生态状况持续改善。

督查考核和资金技术保障体系不断完善。我国建立了以省级政府防沙治沙目标责任考核和林长制督查考核为主的督查考核体系，以稳定的资金投入、信贷支持和税收优惠等为主的政策体系，以全国防沙治沙综合示范区建设为引领、总结推广实用技术模式为主的科研技术推广体系，以荒漠化、沙化、沙尘暴灾害监测为主的监测预警体系等，为生态状况持续改善提供了重要保障。

荒漠化防治成效明显。我国首次实现所有调查省份荒漠化和沙化土地"双逆转",面积持续"双缩减",程度持续"双减轻",沙漠、沙地植被盖度和固碳能力持续"双提高",沙区生态状况呈现"整体好转、改善加速"态势,重点治理区实现了由"沙进人退"到"绿进沙退"的历史性转变,荒漠生态系统呈现"功能增强、稳中向好"态势。石漠化扩展的趋势得到全面遏制,石漠化状况呈现出持续改善的良好态势。《联合国防治荒漠化公约》秘书处曾明确表示,"世界荒漠化防治看中国"。

甘肃省 10 年来累计完成沙化土地
综合治理 2100 多万亩

从武威市古浪县八步沙林场的三代治沙人,到武威市民勤县"老虎口"的梭梭林;从青土湖芦苇荡的碧波,到光伏治沙的一片"蓝海"……行走在甘肃河西走廊的防沙治沙点,看得最多的是"绿进沙退",听得最多的是"久久为功"。如今的河西走廊,树深扎沙地,绿铺向天际,民勤县的治沙工程,阻止了巴丹吉林沙漠和腾格里沙漠相接。

党的十八大以来,甘肃省累计完成沙化土地综合治理2100 多万亩。第六次全国荒漠化和沙化调查结果显示,甘肃荒漠化和沙化土地分别减少 2627 平方公里和 1045 平方公里,荒漠化和沙化程度不断减轻。

三、生态保护修复监管力度不断加大

习近平总书记指出，生态保护修复离不开强有力的外部监管。党的十八大以来，我国切实加强生态保护外部监管，积极推进生态保护监管体系建立完善，生态保护红线和自然保护地监管制度不断夯实，生态保护与修复成效评估不断深入，生态破坏问题监督力度不断加大，生态文明示范建设持续推进，生态保护修复监管取得显著成效。

（一）生态保护监管顶层设计不断强化

我国不断强化生态保护监管顶层设计，印发实施一系列生态保护监管政策文件，推动"53111"生态保护监管体系不断深化。

生态保护监管制度不断完善。印发实施《关于加强生态保护监管工作的意见》《"十四五"生态保护监管规划》等，明确生态保护重点监管区域和监管任务。印发《自然保护地生态环境监管工作暂行办法》《关于国家级自然保护区生态环境问题整改销号的指导意见》等，进一步健全自然保护地生态环境监管制度。印发《生态保护红线生态环境监督办法（试行）》《生态保护红线监管指标体系（试行）》《生态保护红线监管技术规范保护成效评估（试行）》等，规范和指导生态保护红线生态环境工作。

"53111"生态保护监管体系基本形成。"53111"体系即开展全国、重点区域、生态保护红线、自然保护地、重点生态功能区县域 5 个层面监测评估，落实中央生态环境保护督察、生态环境保护综合行政执法事项指导目录、生态保护红线和自然保护地监管 3 个方面制度。同时，组织开展"绿盾"自然保护地强化监督行动，建设生态保护红线

监管平台，开展生态文明示范创建。

（二）全国生态状况调查评估持续开展

全国生态状况调查评估是一项重要的基础性生态国情调查评估工作，是加强生态保护修复监管的有效举措。2000 年以来，我国连续开展了 4 次全国生态状况调查评估，已经形成了定期调查评估长效机制，基本摸清了全国生态状况及其变化趋势、时空分布特征、生态环境主要问题等，为我国生态文明建设提供了重要的基础支撑和决策依据。

全国生态状况调查评估制度体系不断完善。生态环境部于 2019 年印发了《全国生态状况定期遥感调查评估方案》，建立了"全国五年一次、国家重点生态功能区转移支付县域等重点区域每年一次、国家级自然保护区半年一次、突发事件下的局部区域及时开展"的生态状况定期调查评估工作体系，形成了较为完善的定期调查评估工作机制。编制了 11 项国家生态环境行业标准，规范了生态状况调查评估的技术和方法。

《全国生态状况变化（2015—2020 年）调查评估报告》显示，2015—2020 年，全国生态状况总体稳中向好。生态系统格局整体稳定，生态系统质量持续改善，生态系统服务功能不断增强，区域生态保护修复成效显著，生物多样性保护水平逐步提高。

全国生态状况总体稳中向好。生态系统格局更加稳定，各类生态系统变化幅度减小，2015—2020 年全国发生变化的生态系统面积为 11.40 万平方公里（占陆域国土面积的 1.19%），变化幅度平均为 0.24%／年，小于前五年的变化幅度（0.28%／年）；自然生态系统质量持续改善，2015—2020 年优和良等级面积（占比为 43.49%）首次超过低和差等级面积（占比为 41.48%）；生态系统服务功能不断提升，水源涵养、土壤保持和生物多样性维护服务功能基本稳定，防风固沙和固碳功能明显增强，增幅分别为 15.63% 和 10.45%。

重点区域生态质量持续改善。黄河流域植被"绿线"西移了约 300 千米；京津冀地区湿地面积增加 95.59 平方千米，持续减少态势得到扭转；长江经济带生态系统质量提高，流域整体水质得到改善，优良（Ⅰ类—Ⅲ类）断面比例较 2015 年提高 7.3 个百分点；粤港澳大湾区的自然岸线保护强度增加，人工岸线增幅降低。

人类活动扰动明显减弱。城镇空间增长明显趋缓，2015—2020 年开发建设用地增幅仅为 6.20%，远低于 2000—2015 年；重要生态空间人类活动干扰得到有效管控，如国家级自然保护区新发现的重点问题在数量和面积上总体呈双下降趋势；草原超载过牧现象持续减轻，全国重点天然草地平均牲畜超载率下降到 10%。

（三）生态保护修复监督不断加强

我国创立并落实生态保护红线制度，持续推进"绿盾"自然保护地强化监督，全过程加强生态保护修复工程监管，不断提升生态破坏发现问题能力，督促生态破坏问题整改，推动解决一批突出的生态破坏问题。

生态保护红线制度首创设立。我国率先提出和实施生态保护红线制度，将生态功能极重要、生态极脆弱以及具有潜在重要生态价值的区域划入生态保护红线，覆盖了事关国家生态安全的重要生态空间。全国陆域生态保护红线面积约 304 万平方公里（占陆地国土面积比例超过 30%），海洋生态保护红线面积约 15 万平方公里。在天津、河北、江苏、四川、宁夏 5 省（区、市）开展生态保护红线监管试点工作，构建"天空地一体化"的生态保护红线监管平台，初步建立了生态保护红线监管体系，形成了生态破坏问题"监控发现—移交查处—督促整改—移送上报"的工作机制和工作流程。

生态保护红线

生态保护红线是指在生态空间范围内具有特殊重要生态功能、必须强制性严格保护的区域。优先将具有重要水源涵养、生物多样性维护、水土保持、防风固沙、海岸防护等功能的生态功能极重要区域，以及生态极敏感脆弱的水土流失、沙漠化、石漠化、海岸侵蚀等区域划入生态保护红线。其他经评估目前虽然不能确定但具有潜在重要生态价值的区域也划入生态保护红线。对自然保护地进行调整优化，评估调整后的自然保护地应划入生态保护红线；自然保护地发生调整的，生态保护红线相应调整。生态保护红线内，自然保护地核心保护区原则上禁止人为活动，其他区域严格禁止开发性、生产性建设活动，在符合现行法律法规前提下，除国家重大战略项目外，仅允许对生态功能不造成破坏的有限人为活动。

"绿盾"自然保护地强化监督持续推进。生态环境部等 7 部门自 2017 年起持续开展"绿盾"自然保护地强化监督，督促查处整改了一大批自然保护地生态环境破坏问题。通过"绿盾"，截至2022年底，梳理国家级自然保护区需整改重点问题4535个，已完成整改4271个，整改完成率94.18%。构建了问题线索发现、推送、核实、整改、销号和考核的闭环管理机制，实现了自然保护地人为活动的常态化遥感监测，建设启用了自然保护地生态环境监管系统，有力推动了问题整改和生态修复，充分发挥了警示震慑作用，国家级自然保护区重点生态环境问题的数量和面积实现"双下降"，基本扭转了侵占破坏自然保护地生态环境的趋势。

生态保护修复成效监督评估有序开展。印发《生态保护修复成效评估技术指南（试行）》，明确生态保护修复成效评估的原则、流程、指标、方法及报告等要求。编制《"十三五"山水林田湖草生态保护修复工程试点成效评估工作方案》等，开展工程试点成效评估工作，推进山水林田湖草沙一体化保护和修复工程实施成效持续提高。发布《全国生态质量监督监测工作方案（2023—2025年）》，建设第一批55个国家生态质量综合监测站，开展全国生态质量监督监测与评价，有效支撑生态保护监管。

（四）生态文明示范创建工作深入推进

生态文明示范创建是贯彻落实习近平生态文明思想的重要载体和实践平台，是美丽中国建设的细胞工程。自2017年起，我国每年开展生态文明建设示范区和"绿水青山就是金山银山"实践创新基地命名工作，培育了一批践行习近平生态文明思想的示范样本，显著提升了区域生态文明建设水平和生态环境质量。

示范创建推动生态文明体制机制向纵深发展。截至2023年底，生态环境部已经命名七批、共572个生态文明建设示范区和240个"绿水青山就是金山银山"实践创新基地，形成国家指标引领、地方统筹推进的工作模式。将目标责任制度、中央生态环境保护督察、生态保护红线、生态产品价值实现等一系列重大制度作为评估内容，推动地方落地实施，形成一批生态文明体制改革和机制创新的实践案例。

示范创建地区生态保护成效显著。创建地区在创新生态文明制度、推动绿色发展、繁荣生态文化、培育生态生活等方面走在前、做表率，在提高区域生态环境质量、推动生态产品价值实现、支撑国家重大战略、提升生态文明建设水平等方面发挥了重要作用。生态文明建设示范区平均林草覆盖率58%左右，生态质量指数稳中向好，生物多样性得到有效保护，圆满完成海洋、河湖自然岸线保护修复各项目标任务，生态系统多样性、稳定性、持续性稳步提升，生态产品供给能力不断提高。

四、生物多样性保护有效加强

习近平总书记指出："生物多样性关系人类福祉，是人类赖以生存和发展的重要基础。"作为世界上生物多样性最丰富的国家之一，我国一贯高度重视生物多样性保护，将生物多样性保护上升为国家战略，不断推进生物多样性保护取得显著成效，走出了一条中国特色生物多样性保护之路。

（一）生物多样性就地保护体系持续优化

近年来，我国不断推进构建以国家公园为主体的自然保护地体系，明确了生物多样性保护优先区域，在维护重要物种栖息地方面发挥了积极作用。

以国家公园为主体的自然保护地体系加快构建。我国积极推动建设以国家公园为主体、自然保护区为基础、各类自然公园为补充的自然保护地体系。目前，已建成东北虎豹、大熊猫、三江源、海南热带雨林、武夷山等第一批 5 个国家公园，建立国家级和省级自然保护区以及其他各级各类自然保护地近万个，总面积约占陆域国土面积的18%以上。出台《国家公园空间布局方案》，规划建设全世界最大的国家公园体系，占陆域国土面积的 10.3%，分布着 5000 多种陆生脊椎动物和 2.9 万种高等植物，保护了 80%以上的国家重点保护野生动植物物种及其栖息地。

自然保护地体系

自然保护地是生态建设的核心载体、中华民族的宝贵财富、美丽中国的重要象征，在维护国家生态安全中居于首要地位。自然保护地是由各级政府依法划定或确认，对重要的自然生态系统、自然遗迹、自然景观及其所承载的自然资源、生态功能和文化价值实施长期保护的陆域或海域。

国家公园：是指以保护具有国家代表性的自然生态系统为主要目的，实现自然资源科学保护和合理利用的特定陆域或海域，是我国自然生态系统中最重要、自然景观最独特、自然遗产最精华、生物多样性最富集的部分，保护范围大，生态过程完整，具有全球价值、国家象征，国民认同度高。

自然保护区：是指保护典型的自然生态系统、珍稀濒危野生动植物种的天然集中分布区、有特殊意义的自然遗迹的区域。具有较大面积，确保主要保护对象安全，维持和恢复珍稀濒危野生动植物种群数量及赖以生存的栖息环境。

自然公园：是指保护重要的自然生态系统、自然遗迹和自然景观，具有生态、观赏、文化和科学价值，可持续利用的区域。包括森林公园、地质公园、海洋公园、湿地公园等各类自然公园。

生物多样性保护优先区域保护初见成效。为保障生物多样性保护的重点和关键区域得到保护，我国打破行政区域界线，连通现有自然保护地，划定了35个生物多样性保护优先区域，包含32个内陆陆地和水域生物多样性保护优先区域，以及3个海洋与海岸保护优先区域。其中，陆域优先区域总面积276.3万平方公里，约占陆地国土面积的28.8%。

（二）生物多样性迁地保护体系日趋完善

我国持续加大迁地保护力度，系统实施濒危物种拯救工程，生物遗传资源的收集保存水平显著提高，迁地保护体系日趋完善，成为就地保护的有效补充，多种濒危野生动植物得到保护和恢复。

迁地保护体系不断完善。我国建立了植物园、动物园、野生动物救护繁殖基地以及种质资源库、基因库等较为完备的迁地保护体系。目前已建立植物园（树木园）近 200 个，保存植物约占中国植物总种数的 60%，系统收集保存苏铁、木兰等濒危植物种质资源。在野生动物迁地保护方面，已建立 250 处野生动物救护繁育基地，60 多种珍稀濒危野生动物人工繁殖成功并建立稳定人工种群。亚洲象、雪豹、东北虎、海南长臂猿、苏铁、兰科植物等 300 多种珍稀濒危野生动植物野外种群数量稳中有升。

生物遗传资源收集保存和利用加快推进。我国生物遗传资源收集保藏量位居世界前列。支持建设国家濒危野生动植物基因保护中心、猫科动物研究中心、亚洲象保护研究中心等，收集保存我国珍稀濒危野生动物遗传材料和基因。建立种质资源保护体系。加快推进生物遗传资源获取与惠益分享相关立法进程，持续强化生物遗传资源保护和监管，防止生物遗传资源流失和无序利用。

濒危物种拯救工程实施成效显著。实施全国野生动植物保护及自然保护区建设工程，将大熊猫、东北虎、金丝猴、朱鹮、苏铁等 15 个珍稀濒危野生动植物种类确定为重点工程。人工繁育大熊猫数量呈快速优质增长，大熊猫受威胁程度等级从"濒危"降为"易危"，麋鹿、普氏野马、朱鹮等野外种群从消失到恢复重建取得了全球瞩目的成效。对德保苏铁、华盖木等 120 种极小种群野生植物开展抢救性保护，112 种我国特有的珍稀濒危野生植物实现野外回归。

（三）生物多样性治理能力不断提升

我国将生物多样性保护纳入各地区、各领域中长期规划，完善政策法规体系，加强技术保障和人才队伍建设，加大执法监督力度，引导公众自觉参与生物多样性保护，不断提升生物多样性治理能力。

生物多样性保护政策法规体系不断完善。制修订森林法、草原法、渔业法、野生动物保护法、生物安全法等 20 多部生物多样性相关的法律法规，发布实施《关于进一步加强生物多样性保护的意见》，推动制定《生物多样性保护重大工程实施方案》，更新发布《中国生物多样性保护战略与行动计划（2023—2030 年)》，积极推进生物多样性主流化进程。

生物多样性监测、调查与监督执法能力不断提升。依托生物多样性保护重大工程建立了中国生物多样性观测网络（China BON），覆盖全国 31 个省（区、市)、749 个监测样区。完善生物多样性调查、观测和评估等相关技术标准体系，不断提升调查与评估能力。健全野生动物保护执法监管长效机制，开展"绿盾"自然保护地强化监督、"中国渔政亮剑"及跨部门、跨区域和跨国联合执法行动，对影响野生动植物及其栖息地保护行为进行严肃查处。

生物多样性保护资金保障和科技支撑不断加强。近年来，我国持续加大投入生物多样性保护领域的资金，同时利用财税激励措施，积极调动民间资本投入生物多样性保护。加强濒危野生动植物恢复与保护、种质资源和遗传资源保存、生物资源可持续利用和产业化等技术研发，逐步构建生物多样性保护和生物资源可持续利用技术体系，推动实现生物多样性保护和经济高质量发展双赢。

五、全力守护山清水秀的生态空间

当前，我国资源压力较大、环境容量有限、生态系统脆弱的国情没有改变，生态系统质量总体水平仍较低，一体化保护修复仍处于探索推进阶段。因此，要站在维护国家生态安全、中华民族永续发展和对人类文明负责的高度，筑牢自然生态安全屏障，实施山水林田湖草沙一体化保护和系统治理，加强生物多样性保护，全力守护山清水秀的生态空间。

（一）筑牢自然生态安全屏障

围绕"三区四带"为核心的全国重要生态系统保护和修复重大工程总体布局，以青藏高原生态屏障区、黄土高原生态屏障区、川滇生态屏障区等区域为重点，以国家重点生态功能区为支撑，筑牢国家自然生态安全屏障。

筑牢青藏高原生态屏障。以推动高寒生态系统自然恢复为导向，立足三江源草原草甸湿地、若尔盖草原湿地、甘南黄河重要水源补给、祁连山冰川与水源涵养等7个国家重点生态功能区，实施青藏高原生态屏障区生态保护和修复重大工程，全面保护草原、河湖、湿地、冰川、荒漠等生态系统，提升青藏高原生态系统结构完整性和功能稳定性，守护好"世界屋脊""亚洲水塔"。

筑牢黄土高原生态屏障。实施黄土高原水土流失综合治理、秦岭生态保护和修复、贺兰山生态保护和修复等重点工程，着力提升水土保持功能，全面加强大熊猫、金丝猴、朱鹮等珍稀濒危物种栖息地保护和恢复，加强水源涵养林、防护林建设和退化林修复，加强防风固沙体系建设，提高自然生态系统质量和稳定性。

筑牢川滇生态屏障。立足川滇森林及生物多样性生态功能区等国家重点生态功能区，实施横断山区水源涵养与生物多样性保护重点工程，全面加强原生性生态系统保护和珍稀濒危野生动植物拯救性保护，开展天然林资源保护和退化林修复，推进草地治理，开展水土流失、石漠化综合治理和干热河谷生态治理，进一步增强区域水源涵养、水土保持等生态功能。

（二）实施山水林田湖草沙一体化保护和系统治理

坚持山水林田湖草沙一体化保护和系统治理，构建从山顶到海洋的保护治理大格局，综合运用自然恢复和人工修复两种手段，持之以恒推进生态建设。

推进以国家公园为主体的自然保护地体系建设。以《国家公园空间布局方案》为指导，高质量建设第一批国家公园，积极推进设立新的国家公园。到 2025 年，统一规范高效的国家公园管理体制基本建立；到 2035 年，基本完成国家公园空间布局建设任务，基本建成全世界最大的国家公园体。完善自然保护区布局，填补保护空白，优化现有自然保护区边界。

推行草原森林河流湖泊湿地休养生息。以保障草原生态安全为目标，落实禁牧、休牧和草畜平衡制度，促进草原永续利用。实施天然林保护，全面禁止天然林商业采伐，加强森林抚育。统筹水资源、水环境、水生态、水安全，加强河流和湿地生态流量管理，实施好长江 10 年禁渔。健全耕地休耕轮作制度，实施污染管控治理，提高耕地生产能力。

推进实施重要生态系统保护和修复重大工程。科学开展大规模国土绿化行动，构建国土绿化新格局。开展科学绿化试点示范，着力提升绿化质量。继续推动河湖和湿地生态保护修复，实施好海岸线、海岸带保护和修复，完成黄河流域历史遗留矿山生态破坏与污染状况调查评价，启动实施历史遗留的废弃矿山生态保护修复示范工程。持续推进"三北"防护林体系建设和京津风沙源治理，集中力量在重点地区实施一批防沙治沙工程，全力打好三大标志性战役。

强化生态保护修复统一监管。在生态保护修复上，强化对所有者、开发者乃至监管者的统一监管。实施全链条、全过程、全方位的系统监管，构建符合生态原则、生态格局、生态系统本质特征和中国国情的现代化生态系统监管体系。加快生态状况监测评估和生态保护修复成效评估，强化自然保护地、生态保护红线督察执法，逐步确立生态系统保护监管在推进美丽中国建设中的优先领域地位。强化生态文明示范建设的平台作用，优化示范创建遴选过程，统筹推进生态文明示范创建。

（三）加强生物多样性保护

坚持以习近平生态文明思想为指引，深入贯彻落实党的二十大决策部署，深化实施《关于进一步加强生物多样性保护的意见》，强化生物多样性保护国家战略地位，实施生物多样性保护重大工程，健全生物多样性保护网络，逐步建立国家植物园体系，努力建设美丽山川。

加快推动生物多样性保护主流化进程。落实《中国生物多样性保护战略与行动计划（2023—2030 年）》，健全生物多样性保护和监管制度，研究推进野生动物保护、野生植物保护、生物遗传资源获取与惠益分享等领域法律法规的制定修订工作。积极推动将生物多样性保护纳入各地区、各部门、各有关领域中长期规划，不断完善生物多样性保护相关政策制度。

持续优化生物多样性保护空间格局。落实就地保护体系，完善生物多样性迁地保护体系，健全生物多样性保护网络，形成生物多样性保护新格局。加快恢复物种栖息地，加强重点生态功能区、重要自然生态系统、自然遗迹、自然景观及珍稀濒危物种种群和极小种群保护。建立健全以生物多样性指示生物类群为基础，覆盖全国典型生态系统和重要生态空间的监测网络。

强化生物安全监管。建立健全生物技术环境安全评估与监管技术支撑体系、生物遗传资源获取与惠益分享监管制度。健全国门生物安全防范机制，防范物种资源流失和外来物种入侵。加强野生动植物种质资源保护和可持续利用，创新生物遗传资源获取与惠益分享模式。

第五章　积极应对气候变化

应对气候变化《巴黎协定》代表了全球绿色低碳转型的大方向，是保护地球家园需要采取的最低限度行动，各国必须迈出决定性步伐。中国将提高国家自主贡献力度，采取更加有力的政策和措施，二氧化碳排放力争于 2030 年前达到峰值，努力争取2060 年前实现碳中和。

——2020 年 9 月 22 日，习近平在第七十五届联合国大会一般性辩论上的讲话

习近平总书记指出："中国一直本着负责任的态度积极应对气候变化，将应对气候变化作为实现发展方式转变的重大机遇，积极探索符合中国国情的低碳发展道路。中国政府已经将应对气候变化全面融入国家经济社会发展的总战略……中国愿意同世界各国一道，在落实发展议程的过程中，合作应对气候变化。"

一、气候变化是全球面临的共同挑战

气候变化关乎人类生存与发展。工业革命以来的人类活动，特别

是发达国家大量消耗化石能源产生的二氧化碳等温室气体累积排放，是造成全球气候变化的主要原因，给全球特别是发展中国家的生态系统安全与经济社会发展带来巨大威胁。应对气候变化是人类共同的事业，需要国际社会在可持续发展框架下，团结协作、携手应对，坚持走绿色低碳发展道路，推动构建人类命运共同体，共建清洁美丽的地球家园。

（一）全球气候变化引发现实生存危机

全球气候变化已从未来挑战变为现实而紧迫的气候危机。自1990年以来，政府间气候变化专门委员会先后发布了六次评估报告，越来越充分的科学证据表明全球变暖的真实性、严峻性和紧迫性。根据世界气象组织发布的《2023年全球气候状况报告》，2023年是有记录以来最热的一年，全球近地表平均温度比工业化前水平高1.45摄氏度（±0.12摄氏度），过去10年是有记录以来最热的10年，大气中二氧化碳的浓度水平比工业化前高50%。气候变化带来的极端气候事件频发、物种灭绝、海平面上升、农作物减产等重大风险，严重威胁人类生存和可持续发展。我国是受气候变化不利影响最严重的国家之一，气候变化造成的直接经济损失占国内生产总值的比重远超同期全球平均水平。

（二）积极应对气候变化成为全球共识

应对气候变化是全人类的共同事业。科学认知推动各国就应对气候变化达成政治共识，促成了《联合国气候变化框架公约》及其《京都议定书》和《巴黎协定》的达成与生效。尤其是《巴黎协定》提出把全球平均气温升幅控制在工业化前水平以上低于2℃之内，并为控制在 1.5℃之内而努力，尽快达到温室气体排放的全球峰值，在 21 世纪下半叶实现温室气体源的人为排放与汇的清除之间的平衡。《巴黎协定》的达成和生效，表明了各国政府走绿色低碳转型之路、保护地球家园的政治抉择。截至 2023 年 9 月，全球已有 150 多个国家作出了碳中和承诺，覆盖全球 80%以上的二氧化碳排放量、GDP 和人口。

（三）应对气候变化不是别人要我们做，而是我们自己要做

应对气候变化不是别人要我们做，而是我们自己要做，是我国可持续发展的内在要求，是推动构建人类命运共同体的责任担当。我国已进入新发展阶段，积极主动应对气候变化，推进"双碳"工作是破解资源环境约束突出问题、实现可持续发展的迫切需要，是顺应技术进步趋势、推动经济结构转型升级的迫切需要，是满足人民群众日益增长的优美生态环境需求、促进人与自然和谐共生的迫切需要，是主动担当大国责任、推动构建人类命运共同体的迫切需要。

二、我国应对气候变化成效显著

我国始终高度重视应对气候变化。党的十八大以来，以习近平生态文明思想为指导，坚定实施积极应对气候变化国家战略，减缓、适应气候变化工作都取得积极进展，基础能力持续提升，全社会绿色低碳意识显著增强。

（一）减缓气候变化取得积极进展

我国是拥有 14 亿多人口的最大发展中国家，面临着发展经济、

改善民生、污染治理、生态保护、应对气候变化等一系列艰巨任务。尽管如此，为实现温室气体控排目标，我国积极制定和实施了一系列相关战略、法规、政策、标准与行动，推动我国减缓气候变化实践不断取得新进步。

减缓气候变化力度不断加大。强化顶层设计，成立国家应对气候变化及节能减排工作领导小组，组建国家气候变化专家委员会。自"十二五"开始，我国将碳排放强度下降幅度作为约束性指标纳入国民经济和社会发展规划纲要，"十四五"规划和 2035 年远景目标纲要将 2025 年单位国内生产总值二氧化碳排放较 2020 年降低 18% 作为约束性指标。

不断强化自主贡献目标。2015 年，我国确定了到 2030 年的自主行动目标：二氧化碳排放 2030 年左右达到峰值并争取尽早达峰。2020 年，习近平总书记在第七十五届联合国大会一般性辩论上宣布国家自主贡献新目标举措：中国二氧化碳排放力争于 2030 年前达到峰值，努力争取 2060 年前实现碳中和。到 2030 年，中国单位 GDP 二氧化碳排放将比 2005 年下降 65% 以上，非化石能源占一次能源消费比重将达到 25% 左右，森林蓄积量将比 2005 年增加 60 亿立方米，风电、太阳能发电总装机容量将达到 12 亿千瓦以上。

制定长期温室气体低排放发展战略。我国面向 2060 年前实现碳中和提出 21 世纪中叶长期温室气体低排放发展战略，提出到 2060 年，全面建立清洁低碳安全高效的能源体系，能源利用效率达到国际先进水平，非化石能源消费比重达到 80% 以上，并提出了经济、能源、工业、城乡建设、交通运输等十个方面的战略重点。

加大温室气体排放控制力度。我国将应对气候变化全面融入国家经济社会发展的总战略，采取积极措施，有效控制二氧化碳排放，推动非二氧化碳温室气体减排，统筹推进山水林田湖草沙系统治理，持续提升生态碳汇能力。

二氧化碳排放控制成效明显。碳排放增速由"十五"的12.5%、"十一五"的6.1%，降为"十二五"的3.3%、"十三五"的1.7%，排放增量也以每5年约6亿吨的速度下降，"十三五"时期增量仅为6.7亿吨。2020年我国碳排放强度较2005年累计下降48.4%，超额完成向国际社会承诺的2020年气候行动目标。扭转了二氧化碳排放快速增长的态势。2022年碳排放强度比2005年下降超过51%。

控制非二氧化碳温室气体排放。2023年11月生态环境部等11部门发布《甲烷排放控制行动方案》，是我国开展甲烷排放管理控制的第一份顶层设计文件。《〈关于消耗臭氧层物质的蒙特利尔议定书〉基加利修正案》于2021年9月15日对我国正式生效（暂不适用于香港特别行政区）。2024年1月国务院公布《国务院关于修改〈消耗臭氧层物质管理条例〉的决定》，自2024年3月1日起施行。

持续提升生态碳汇能力。深入开展大规模国土绿化行动，科学开展森林抚育经营，加强林草资源保护，持续增加林草资源总量。党的十八大以来，我国累计完成造林9.6亿亩，占全球人工造林的四分之一。2022年，我国森林面积2.31亿公顷，森林覆盖率达24.02%，草地面积2.65亿公顷，草原综合植被盖度达50.32%。

初步形成全国碳排放权交易市场（强制碳市场）和全国温室气体自愿减排交易市场（自愿碳市场）互补衔接、互联互通的全国碳市场体系。全国碳排放权交易市场是利用市场机制控制和减少温室气体排放、推动绿色低碳发展的重大制度创新。2011年起，在北京、天津、上海、重庆、湖北、广东和深圳七个省市开展碳排放权交易试点，覆盖了近3000家重点排放单位，涉及电力、钢铁、水泥20多个行业。地方试点从2013年6月先后启动了交易。2021年2月1日起施行《碳排放权交易管理办法（试行）》。2024年1月国务院公布《碳排放权交易管理暂行条例》，自2024年5月1日起施行。全国碳排放权交易市场于2021年7月正式开市，目前已经顺利完成了两个履约周期，覆盖年二氧化碳排放量约51亿吨，纳入重点排放单位2257家，成为全球覆盖温室气体排放量最大的碳市场。截至2023年底，碳排放配额累计成交量达到4.4亿吨，成交额约249亿元。全国碳排放权交易市场的碳排放权注册登记系统和交易系统分别由湖北省和上海市牵头建设、运行和维护。生态环境部组织建设全国碳市场管理平台并于2023年上线运行，有效提升了碳排放数据质量管理的信息化、智能化水平。

碳排放数据质量管理

数据质量是保障碳市场健康平稳有序运行的基础，是碳市场的生命线。生态环境部深入贯彻落实党中央决策部署，将保障和提升碳排放数据质量作为一项重大政治任务，不断加强碳排放数据质量监督管理，保障全国碳市场平稳有序运行，主要采取了五个方面措施：一是健全完善统计核算报告核查制度体系和管理要求。推动最高法、最高检修订《关于办理环境污染刑事案件适用法律若干问题的解释》，将温室气体排放数据造假纳入刑事制裁范畴。修订碳排放核算指南，将碳核算公式从 27 个精简至 12 个，全面提升碳排放核算的有效性、规范性和可操作性。二是建立"国家—省—市"三级联审的长效工作机制。创造性开展碳排放关键参数月度信息化存证，提升基础数据的准确性和可追溯性，及时发现并解决问题。三是充分利用大数据信息管理平台实现穿透式监管。通过全国碳市场管理平台，对 300 余万条参数数据进行自动识别校验，及时发现和解决 7.2 万余个数据异常问题。四是严厉打击弄虚作假等违法行为。开展两轮碳排放报告质量监督帮扶，对发现问题逐一拉条挂账、分类处置、整改销号。对违法企业严肃处罚并核减其碳排放配额，对问题严重的技术服务机构公开曝光，对弄虚作假行为形成了有力威慑。五是全面加强宣传培训。重点排放单位和技术服务机构碳排放核算和管理能力水平大幅提升，2023 年全国碳排放权交易市场建设培训共举办 134 场，约 1.16 万人次参与培训，实现市场参与主体全覆盖。

通过上述举措，碳排放数据质量大幅改善，碳排放报告的规范性、准确性和时效性大幅提升，企业管理效能明显增强，与第一个履约周期相比，第二个履约周期监督帮扶发现的碳排放数据不规范企业数量大幅下降（重点问题率降至 0.21%），并探索了一套行之有效、可复制、可推广的管理经验。

开展自愿减排交易市场建设。2023 年 10 月，生态环境部、市场监管总局联合发布《温室气体自愿减排交易管理办法（试行）》，生态环境部制定发布了造林碳汇、并网光热发电、并网海上风力发电、红树林营造等首批 4 项温室气体自愿减排项目方法学，组织制定并发布温室气体自愿减排项目设计与实施指南、注册登记规则和交易结算规则配套管理制度。在全国温室气体自愿减排注册登记机构成立前，由国家应对气候变化战略研究和国际合作中心承担温室气体自愿减排项目和减排量的登记、注销等工作，由北京绿色交易所有限公司提供核证自愿减排量的集中统一交易与结算服务，上线运行全国统一的注册登记系统和交易系统。2024 年 1 月，全国温室气体自愿减排交易市场正式启动。

减缓气候变化支撑水平持续提升。我国高度重视应对气候变化支撑保障能力建设，不断完善温室气体排放统计核算体系，发挥绿色金融重要作用，提升科技创新支撑能力。

完善温室气体排放统计核算体系。提出 5 大类 36 个指标的应对气候变化统计指标体系，构建应对气候变化统计报表制度并持续更新。编制国家温室气体清单，积极开展《联合国气候变化框架公约》履约工作，累计提交了四次国家信息通报和三次两年更新报告。印发 24 个行业企业温室气体排放核算方法与报告指南。发布《关于加快建立统一规范的碳排放统计核算体系实施方案》，加快完善碳排放统计核算体系。积极推动重点行业产品的碳排放核算方法研究，指导行业协会研究制定重点产品碳足迹核算标准。

加强绿色金融支持。先后在浙江、江西、广东、贵州、甘肃、新疆六省（区）九地设立了绿色金融改革创新试验区。截至 2023 年末，绿色贷款余额 30.08 万亿元。推出碳减排支持工具和支持煤炭清洁高效利用专项再贷款，截至 2023 年 6 月，两项工具余额分别为 4530 亿元、2459 亿元。推出碳中和债券、蓝色债券、可持续发展挂钩债券、转型债券等产品。积极推进气候投融资发展，引导金融机构开展产品和工具创新，强化能力建设和国际交流合作，推动开展气候投融资试点工作，组织报送气候投融资重点项目，印发气候投融资项目入库参考标准，指导试点地方建设气候投融资项目库。

强化科技创新支撑。先后发布应对气候变化相关科技创新专项规划和技术推广清单。国家重点研发计划开展十余个应对气候变化科技研发重大专项，积极推广温室气体削减和利用领域 143 项技术的应用，印发《国家重点推广的低碳技术目录（第四批）》，推动低碳技术创新示范。成立二氧化碳捕集、利用与封存（以下简称 CCUS）创业技术创新战略联盟、CCUS 专委会等专门机构，持续推动 CCUS 领域技术进步、成果转化。

（二）适应气候变化能力不断增强

我国秉承减缓与适应并重的理念，把主动适应气候变化作为实施积极应对气候变化国家战略的重要内容，作为防范气候风险、助力经济高质量发展和生态环境高水平保护的重要手段。

推进和实施适应气候变化重大战略。2013 年，我国制定了国家适应气候变化战略，制定实施基础设施、农业、水资源、海岸带和相关海域、森林和其他生态系统、人体健康、旅游业和其他产业七大重点任务。2022 年 6 月，17 部委联合印发《国家适应气候变化战略 2035》，明确气候变化监测预警和风险管理、提升自然生态系统适应气候变化能力、强化经济社会系统适应气候变化能力、构建适应气候变化区域格局的重点任务。印发《省级适应气候变化行动方案编制指南》，强化省级行政区域适应气候变化行动力度。

提升自然生态系统适应气候变化能力。实施母亲河复苏行动，推进华北地区等重点区域地下水超采综合治理。在长江上中游、黄河中上游、东北黑土区等重点区域，治理水土流失面积6.3万平方公里。支持25个地市开展国土绿化试点示范项目建设。"十三五"以来，全国累计修复治理历史遗留废弃矿山面积450万亩以上。引导社会资源投入红树林、海草床、滨海盐沼、海藻场等海岸带蓝碳保护恢复。

强化经济社会系统适应气候变化能力。统筹流域干支流、上下游、左右岸防洪和城市地区排涝以及沿海城市防台防潮等需求，科学划定洪涝风险控制区，明确自然灾害综合风险防控区域，保障洪涝灾害风险防控设施布局，提高极端天气和自然灾害应对能力。推进高标准农田建设，2022年，全国已累计建成10亿亩高标准农田，稳定保障1万亿斤以上粮食产能，全国耕地超过一半是高标准农田。2023年8月，8部委联合印发《关于深化气候适应型城市建设试点的通知》，将选择典型城市先行先试，积极探索和总结气候适应型城市建设路径和模式，提高城市适应气候变化水平。100余个城市开展了国家园林城市建设，全国各地建设3520个"口袋公园"，78个城市开展典型地区再生水利用配置试点。开展交通基础设施韧性提升关键技术等交通强国建设试点。铁路系统新增铁路宜林地段实现全面绿化，全国铁路绿化里程累计达5.59万公里，铁路线路绿化率达87.32%。

提升关键脆弱区域气候韧性。加快推进青藏高原气候变化工作，建立气候变化对青藏高原生态系统、气候系统、水资源、珍贵濒危或者特有野生动植物、雪山冰川冻土和自然灾害影响的预测体系，完善生态风险报告和预警机制。建立青藏高原生态环境保护和气候变化适应部际联席会议机制。黄河流域开展水源涵养林、水土保持林建设工程与土地综合整治工程，进行重点水源涵养区封育保护等。实施"黄河流域适应计划提升气候韧性"技援项目，开展水资源、农业、陆地生态系统等领域气候变化风险和脆弱性研究分析。

（三）大力推进碳达峰碳中和

2020 年 9 月 22 日，习近平总书记在第七十五届联合国大会一般性辩论上作出我国将力争于 2030 年前实现碳达峰、努力争取 2060 年前实现碳中和的重大宣示。3 年多来，"双碳"工作取得良好开局和积极成效。

构建完成碳达峰碳中和"1+N"政策体系。党中央、国务院印发《关于完整准确全面贯彻新发展理念做好碳达峰碳中和工作的意见》，国务院发布《2030 年前碳达峰行动方案》，各有关部门出台 12 份重点领域、重点行业实施方案和 11 份支撑保障方案，31 个省（区、市）制定本地区碳达峰实施方案，"双碳"政策体系构建完成并持续落实。

推动重点领域碳达峰行动。推动构建煤、油、气、核及可再生能源多轮驱动的能源供应保障体系，能源安全保障根基进一步扎牢。大力发展战略性新兴产业，以电动载人汽车、锂离子蓄电池、太阳能电池为代表的"新三样"成为外贸增长新动能，"新三样"产品合计出口 1.06 万亿元，首次突破万亿元大关，增长 29.9%。严把新上项目碳排放关，修订发布《固定资产投资项目节能审查办法》，坚决遏制高耗能、高排放、低水平项目盲目发展。大力发展绿色建筑，2022 年新建绿色建筑面积占比由"十三五"末的 77％提升至 91.2％；推动既有建筑绿色低碳改造，节能建筑占城镇民用建筑面积比例超过 65％。

"双碳"工作基础能力显著增强。构建统一规范的碳排放统计核算体系，将碳排放统计核算正式纳入国家统计调查制度。成立碳达峰碳中和标准化总体组，实施"十四五"百项节能降碳标准提升行动。完善能源消耗总量和强度调控，推动能耗双控逐步转向碳排放双控。落实支持绿色低碳发展税费优惠政策，2020 年以来中央财政累计安排生态环保相关资金 1.78 万亿元。设立国家绿色发展基金，首期募资 885 亿元。深化能源价格改革，推动燃煤发电上网电价市场化改革，实施新能源平价上网政策，完善分时电价机制，健全抽水蓄能两部制电价政策。健全绿色电力交易体系，全国绿色电力交易电量超 600 亿千瓦时。2022 年 6 月生态环境部等 7 部门联合印发《减污降碳协同增效实施方案》后，目前 31 个省（区、市）和新疆生产建设兵团均已出台减污降碳协同增效工作方案。截至 2023 年底，组织开展了 9 个省(区、市)6 个重点行业建设项目温室气体排放环境影响评价、7 个产业园区规划环评温室气体排放环境影响评价和 16 个地区的生态环境分区管控减污降碳协同等试点。推动城市和产业园区组织实施减污降碳协同创新试点。

三、坚定不移实施积极应对气候变化国家战略

党的二十大和全国生态环境保护大会为应对气候变化工作作出部署。要坚持以降碳为重点战略方向，通过统筹产业结构调整、污染治

理、生态保护、应对气候变化，协同推进降碳、减污、扩绿、增长，积极推动应对气候变化工作取得新的进展。

（一）积极稳妥推进碳达峰碳中和

实现碳达峰碳中和，等不得也急不得，不可能毕其功于一役，必须坚持稳中求进、逐步实现，决不能搞"碳冲锋""运动式减碳"。

加强工作统筹协调。把系统观念切实贯彻到"双碳"工作全过程，注重处理好发展和减排、整体和局部、长远目标和短期目标、政府和市场的关系。按照碳达峰碳中和"1+N"政策体系有关部署，科学把握推进节奏，有计划分步骤实施好"碳达峰十大行动"。

持续深入推进能源革命。立足富煤贫油少气的基本国情，坚持先立后破、通盘谋划，深入推进能源革命，加强煤炭清洁高效利用，大力实施煤电机组节能降碳改造、灵活性改造、供热改造"三改联动"。加大油气资源勘探开发和增储上产力度。把促进新能源和可再生能源发展放在更加突出的位置，加快规划建设新型能源体系，加大力度在沙漠、戈壁、荒漠化地区规划建设以大型风电光伏基地为基础、以其周边清洁高效先进节能的煤电为支撑、以稳定可靠的特高压输变电线路为载体的新能源供给消纳体系。统筹水电开发和生态保护，积极安全有序发展核电。

大力推进重点领域绿色低碳发展。大力发展战略性新兴产业，推动大数据、5G等新兴技术与绿色低碳产业深度融合，坚决遏制高耗能、高排放项目盲目发展。下大力气推动钢铁、有色、石化、化工、建材等传统产业优化升级，依法依规退出落后产能。以节能降碳、超低排放、安全生产、数字化转型、智能化升级为重要方向，大力推动生产设备、用能设备、输配电设备等更新和技术改造。积极构建绿色低碳交通运输体系，大力推进"公转铁""公转水"，加快发展以铁路、水路为骨干的多式联运。深入实施城市公共交通优先发展战略，着力推进绿色公路、绿色港口、绿色航道建设。印发《关于加强环境影响评价管理推动民用运输机场绿色发展的通知》，强化环评和生态保护措施及事中事后监管，助力行业实现绿色低碳发展。着力提升城乡建设绿色低碳发展质量，大力发展绿色建筑，推行绿色设计，推广绿色低碳建材和绿色建造方式。优化建筑用能结构，提高可再生能源使用比例，推广供热计量收费和合同能源管理。加快农房节能改造，持续推进农村地区清洁取暖。实施甲烷排放控制行动方案，研究制定其他非二氧化碳温室气体排放控制行动方案。

持续巩固提升生态系统碳汇能力。推进山水林田湖草沙一体化保护和系统治理，提升生态系统多样性、稳定性、持续性，持续提升生态功能重要地区碳汇增量。推动增强草原土壤储碳能力，提升湿地碳汇增量，提升红树林、盐沼、海草床等典型海洋生态系统碳汇。严格保护耕地，提升生态农业碳汇。强化生态灾害防治，降低灾害对生态系统固碳能力的损害。加强生态系统碳汇基础研究，建立衔接国际规则、符合中国实际的生态系统碳汇分类、调查与监测评估、计量方法与参数、核算与报告等标准规范体系。推动生态系统增汇关键技术研发和推广。

（二）着力提升主动适应气候变化能力

持续推动落实《国家适应气候变化战略2035》，加强适应气候变化基础能力，推进重点领域和重点区域适应工作，全面提升适应气候变化能力。

加强适应气候变化基础能力。指导各地编制实施省级适应气候变化行动方案，强化省级行政区域适应气候变化行动力度。推动各重点领域制定实施适应气候变化行动方案。加强气候变化影响和风险评估，建立跨部门气候变化影响和风险评估会商机制，强化重点领域、重点工程、重要开发项目气候变化影响和风险评估，推动加强极端天气气候事件监测预警和防灾减灾。强化适应气候变化支撑保障，加强适应气候变化干部队伍培训和宣传教育。推动完善适应气候变化财政、金融、科技支撑保障机制和配套政策。

强化重点领域适应气候变化行动。增强自然生态系统气候韧性，优化水资源管理，推动提高陆地生态系统稳定性，推动科学开展以增强中长期碳汇功能为目的的森林经营，加强湿地保护，开展海洋生态保护修复。强化经济社会系统气候韧性，推动开展种植业适应气候变化技术示范和气候智慧型农业试点示范，推动开展气候变化健康风险评估，提升基础设施气候适应能力，推动重大工程韧性建设。加强重点城市地区的气候变化风险评估，提高城市生命线气候防护能力和应急保障水平。提升气候敏感产业及其他重点行业适应能力。

提升重点区域适应气候变化能力。提升重点城市群适应气候变化能力，强化京津冀地区对极端天气气候事件及其灾害的监测预警能力建设，推动强化长三角区域海洋灾害和水文灾害应对，推动提升粤港澳大湾区台风、风暴潮、暴雨洪涝等灾害的抵御、恢复和管控能力。维护重点生态功能区生态系统安全，研究编制青藏高原适应气候变化行动方案，强化黄河流域重点省区适应气候变化行动，加强长江重点生态区生态保护和修复。深化气候适应型城市建设试点，因地制宜进一步分批分阶段深化气候适应型城市建设试点，探索气候适应型城市建设路径和模式。

（三）健全应对气候变化政策体系

坚持积极应对气候变化国家战略，以服务国家碳达峰碳中和战略目标以及国家适应气候变化战略为重点，加快完善法律法规、统计核算、碳排放权交易等相关政策，健全应对气候变化政策体系。

完善应对气候变化法律法规标准政策体系。加快推进应对气候变化立法进程，推动应对气候变化立法纳入十四届全国人大常委会立法规划三类立法项目，纳入中央全面依法治国委员会"重点领域、新兴领域、涉外领域"立法计划。进一步完善全国碳排放权交易市场政策法规体系。加快构建包括应对气候变化减缓类、适应类、监测评估类和通用基础类标准的应对气候变化标准体系框架。研究建立企业温室气体排放信息披露制度。完善重点行业企业温室气体排放核算方法与报告技术规范，碳排放核查技术规范。完善工业绿色低碳标准体系，制定重点行业和产品温室气体排放标准，研究出台生活消费类产品低碳评价标准，研究新车碳排放标准。

加快建立统一规范的碳排放统计核算体系。加快研究建立全国和地方碳排放统计核算制度，进一步深化工业生产过程领域碳排放统计核算方法研究，组织开展相关专项调查，填补基础数据缺口。加强碳排放总量和强度"双控"统计基础工作，改进完善化石能源、非化石能源、新增可再生能源及原料用能统计。加强统计能力建设，夯实统计基层基础，进一步提高数据质量。进一步加强统计数据全面质量管理，不断规范统计工作流程，强化基层工作责任，提升基层人员业务能力和水平，夯实基层工作基础。加强能源、工业相关专业数据采集、审核的人员力量。制定重点产品碳足迹核算规则和标准。

有序推进全国碳排放交易市场建设。健全制度体系与运行监管体系，深入宣传贯彻落实《碳排放权交易管理暂行条例》，适时制修订相关配套政策文件、技术规范指南，研究构建全国碳排放交易市场配额总量管理制度，健全配额初始分配制度，完善履约管理制度，夯实全国碳排放权交易市场技术支撑体系，强化全国碳排放权交易市场数据质量日常监管，建立国家、省、市三级联审的碳排放数据质量日常管理工作机制。做好扩大全国碳排放权交易市场行业覆盖范围相关基础工作。继续加强建材、有色、钢铁、化工、石化、航空、造纸等行业重点排放单位排放数据报告和核查工作，夯实数据基础。推动温室气体自愿减排市场健康发展，组织发布配套管理制度，明确各项实施细则和技术规范要求。加强自愿减排项目数据质量监管能力，逐步扩大市场支持领域，以建立对接国际、规范有效、公开透明的自愿减排交易市场为目标，激励更广泛的行业、企业和社会各界参与温室气体减排行动。探索碳普惠机制等创新模式，引导全社会共同实现绿色低碳发展。

第六章　守牢美丽中国建设安全底线

要守牢美丽中国建设安全底线，贯彻总体国家安全观，积极有效应对各种风险挑战，切实维护生态安全、核与辐射安全等，保障我们赖以生存发展的自然环境和条件不受威胁和破坏。

——2023 年 7 月 17 日，习近平总书记在全国生态环境保护大会上的讲话

生态安全是国家安全的重要组成部分，是经济社会持续健康发展的重要保障。习近平总书记指出，生态环境问题既是经济问题，也是重大社会和政治问题。要建立健全以生态系统良性循环和环境风险有效防控为重点的生态安全体系。要把生态环境风险纳入常态化管理，系统构建全过程、多层级生态环境风险防范体系。党的十八大以来，我国生态安全工作责任制度不断健全，生态安全屏障日益牢固，各项生态环境风险挑战得到有效防范化解，维护生态安全的能力和水平全面提升。

一、生态安全是国家安全的重要组成部分

国家生态安全是指一国具有支撑国家生存发展的较为完整、不

受威胁的生态系统，以及应对内外重大生态环境问题的能力。其内涵主要包括以下三个方面：具备较为完整、健康的生态系统，生态系统中各部分之间相互协调、协同共存，这是维护国家生态安全的基本前提；能够有效管控潜在风险，着力消除风险隐患，抵御人类活动影响，积极有效应对各种挑战，这是维护国家生态安全的核心要求；支撑国家可持续发展，实现人与自然和谐共生的现代化，这是维护国家生态安全的关键目标。

（一）生态安全事关国家总体安全

2014 年 4 月 15 日，习近平总书记在中央国家安全委员会第一次会议上提出"总体国家安全观"，将生态安全作为非传统安全正式纳入总体国家安全观的框架之下，这是在准确把握国家安全形势变化新特点新趋势基础上作出的重大战略部署，是中国特色社会主义国家安全理论在新时代的重要发展，对于提升生态安全重要性认识、破解生态安全威胁，意义重大。

总体国家安全观的核心要义

总体国家安全观内涵丰富、思想深邃，是一个系统完整、逻辑严密、相互贯通的科学理论体系。

总体国家安全观的关键是"总体"。强调大安全理念，涵盖政治、军事、国土、经济、金融、文化、社会、科技、网络、粮食、生态、资源、核、海外利益、太空、深海、极地、生物、人工智能、数据等诸多领域，而且将随着社会发展不断动态调整。

总体国家安全观的核心要义，集中体现为"十个坚持"：坚持党对国家安全工作的绝对领导，坚持中国特色国家安全道路，坚持以人民安全为宗旨，坚持统筹发展和安全，坚持把政治安全放在首要位置，坚持统筹推进各领域安全，坚持把防范化解国家安全风险摆在突出位置，坚持推进国际共同安全，坚持推进国家安全体系和能力现代化，坚持加强国家安全干部队伍建设。

"一个总体""十个坚持"有机融合、有机统一，凝结着我们党坚持和发展中国特色国家安全的宝贵经验，反映了以习近平同志为核心的党中央对国家安全工作规律性认识的深化、拓展、升华，体现了理论与实践相结合、认识论和方法论相统一的鲜明特色。

生态安全在国家安全体系中居于十分重要的基础地位，同经济安全、政治安全、国土安全、资源安全等都有着直接的联系，生态安全出问题往往会波及其他领域的安全。生态系统作为一个整体，既是人类的生存空间，又是人类获取生产、生活资源的来源，健康稳定的生态系统能够源源不断地为人类提供水资源和各类生物资源。经济社会发展离不开自然生态环境的支撑，一旦超过自然环境承载能力和承受范围将造成不可逆的生态退化或破坏，不仅直接导致经济发展不安全，对区域发展带来不可估量的影响，而且会透支子孙后代的发展资源和生存环境。随着我国经济社会快速发展，生态环境问题已成为最重要的公众话题之一，生态环境问题可能导致社会关系的紧张，并进一步演变成政治安全问题。高度重视和妥善处理人民群众身边的生态环境问题，已成为当前保障社会安定和政治稳定的重要工作之一。

（二）生态安全事关高质量发展

党的二十大将高质量发展作为全面建设社会主义现代化国家的首要任务。习近平总书记深刻指出："推动创新发展、协调发展、绿色发展、开放发展、共享发展，前提都是国家安全、社会稳定。没有安全和稳定，一切都无从谈起。"统筹发展和安全，增强忧患意识，做到居安思危，是我们党治国理政的一个重大原则。

发展和安全是一体之两翼、驱动之双轮。安全是发展的前提，发展是安全的保障，二者相辅相成、不可偏废。必须以安全保发展、以发展促安全，把国家发展建立在更加安全、更为可靠的基础之上。要认识到，没有生态安全作为前提的发展不是高质量发展，没有发展作为保证的生态安全也是不可持续的。

一方面，生态安全是高质量发展的基础和前提。安全的生态环境为发展提供了最基本的发展要素，生态系统的供给和调节功能是粮食安全、资源安全、经济安全的基本保障，是政治安全和社会稳定的坚固基石。安全、高质量的发展需要安全的生产原材料和安全的生产环境，生产原材料和生产环境如果被污染破坏，自然就谈不上安全、高质量的发展。如果生态安全风险不能及时消除，最终势必演变为经济社会发展的重大风险隐患。另一方面，破解生态安全问题归根到底要靠发展。发展是解决我国一切问题的基础和关键，生态环境问题是在发展中产生的，也要靠发展来解决。习近平总书记多次强调，生态环境问题归根到底是发展方式和生活方式问题。只有坚持把绿色低碳发展作为解决生态环境问题的治本之策，推动经济社会发展全面绿色转型，才能使我国的生态安全问题得到根本性解决。

（三）生态安全事关中华民族永续发展

生态环境是人类生存和发展的根基，生态安全是人类生存与发展的基本安全需求。生态安全影响极其深远，事关国家兴衰和民族存亡，维护生态安全必须运用战略思维着眼全局、考虑长远。

人类历史上，由于生态退化和自然资源减少而造成文明消亡的现象屡见不鲜，维护生态安全就是维护人类生命支撑系统的安全。四大文明古国无一不是发源于森林茂密、水量丰沛、田野肥沃的地区，而生态环境衰退特别是严重的土地荒漠化最终导致了古代埃及、古代巴比伦的衰落。我国古代历史上的"伊、洛竭而夏亡，河竭而商亡""楼兰王国的消失"，都充分说明生态安全事关国家存亡，当一个国家或地区所处的自然生态环境不再安全，必将影响其社会稳定，危及国家安全。我国古代一直流传的"风调雨顺，国泰民安"的说法，就是一种朴素的生态安全观。

当今时代，不仅发生了区域性的环境污染和大规模生态破坏，而且出现了臭氧层耗损与破坏、酸雨蔓延、生物多样性减少等大范围和全球性的生态环境危机。生态安全就像人民头顶上的"达摩克利斯之剑"，时刻警醒人们必须关注生态安全问题。只有维护好生态安全，才能保障人民健康幸福，保障国家长远稳定和繁荣。我国生态安全基础尚不稳固，生态安全格局需要进一步健全。要进一步突出生态安全保障的重要地位，坚持底线思维，筑牢生态安全屏障，增强生态系统服务功能，保护重要生态空间，为实现中华民族永续发展奠定生态环境基础。

二、有效应对生态环境领域安全风险

党的十八大以来，各地区各部门深入贯彻总体国家安全观和习近平总书记关于做好生态安全和核安全工作的重要指示批示精神，切实担负起维护生态安全的重大政治责任，有效防范化解各项风险挑战，全面提升维护国家生态安全的能力和水平，生态安全防线持续巩固，突发生态环境事件得到妥善处置，严格核与辐射安全监管。

（一）生态安全风险有效应对

在习近平新时代中国特色社会主义思想的科学指引下，在中央国家安全委员会的领导下，各地各相关部门深入贯彻习近平生态文明思想和总体国家安全观，聚焦突出问题和重大风险，深化前瞻研判、过程监测和末端应对，维护国家生态安全实现了由重点推进到系统推进、由被动应对到主动谋划的历史性转变。经过不懈努力，实现生态保护一条红线管控重要生态空间，森林、草原、湿地、河湖生态恶化趋势得到明显遏制，水土流失面积强度"双下降"，实现由"沙进人退"到"绿进沙退"，重污染天气、黑臭水体、"洋垃圾"问题得到有效解决，二氧化碳排放快速增长态势得到扭转，国际合作于我有利局面正在形成。

生态空间格局总体稳定。落实主体功能区战略，全面实施国土空间规划，深入落实"三区三线"划定成果，形成永久基本农田、生态保护红线、城镇开发边界分界围合、重点管控的生态安全空间维护体系，重要生态安全屏障区、重点生态功能区、以国家公园为主体的自然保护地体系基本确立。落实最严格的水资源管理制度，坚持以水定产、以水定城，实行水资源消耗总量和强度双控。深化中央生态环境保护督察、"绿盾"自然保护地强化监督，开展生态状况变化调查评估，生态保护修复监管制度基本建立。截至2023年，自然生态系统总面积占陆域面积比重稳定在78.6%左右，陆域生态保护红线面积占陆域国土面积比例超过30%。

生态系统功能巩固提升。实施山水林田湖草沙一体化保护和修复重大工程，深入推进防护林工程建设和天然林保护修复，治理断流河流和萎缩干涸湖泊，专项推进"三江源"、秦岭等特殊敏感区域生态系统保护，开展母亲河复苏行动"一河（湖）一策"重大工程建设，扭转森林、草原、湿地、河湖、农田、海洋等生态系统持续退化趋势。据调查评估，全国生态系统多样性稳定性持续性得到提升，自然生态系统质量优良等级面积占比超过低差等级，森林面积和蓄积量连续30多年保持"双增长"，全国水源涵养、土壤保持、防风固沙、固碳能力过去20年分别提升0.32%、1.08%、31.67%和50.1%，黄河流域植被"绿线"西移约300公里，我国成为世界上少数几个红树林面积净增加国家之一。

突出环境问题加快解决。持续打好蓝天、碧水、净土保卫战，协同推进重污染天气消除、城市黑臭水体治理、重点海域综合治理、农业农村污染治理、长江保护修复、黄河生态保护治理等标志性战役，形成统筹地上和地下、城市和农村、陆域和海洋、传统污染物和新污染物协同治理格局。截至 2023 年，全国细颗粒物（$PM_{2.5}$）达到 20 微克 / 立方米，地表水水质优良（Ⅰ—Ⅲ）断面比例达到 89.4%，劣Ⅴ类断面水体比例下降到 0.7%，地级及以上城市黑臭水体基本消除，农村生活污水治理（管控）率达到 40% 以上，受污染耕地安全利用率达到 91%，近岸海域优良（一、二类）水质面积比例达 85%。

生态环境风险有效防控。统筹累积性灾害和突发性风险，加强水土流失治理、塌陷区综合治理、岩溶地区石漠化治理，建立地质灾害、气象灾害和森林火灾应对体系，严密防控危险废物、化学品、尾矿库、重金属等生态环境风险，妥善应对突发环境事件。"十三五"期间累计治理沙化和石漠化土地约 12 万平方公里，沙尘暴天气次数明显减少，华北地区浅层地下水水位持续多年下降后止跌回升。截至 2023 年，完成 1067 个县（市、区）地质灾害风险普查调查，地质灾害总体趋势接近近 5 年平均水平；长江经济带 1136 座尾矿库、黄河流域 235 座尾矿库完成问题整改；编制完成 1966 条重点河流"一河一策一图"环境应急响应方案，突发环境事件年发生数量近 10 年下降约 70%。

生态环境领域国际影响力显著增强。积极参与及引领全球气候治理进程，积极稳妥推进碳达峰碳中和，认真履行生态环境国际公约，彰显负责任大国形象。加强中美、中欧气候领域对话，推动《联合国气候变化框架公约》第二十八次缔约方大会（COP28）取得积极成果。成功召开联合国《生物多样性公约》第十五次缔约方大会（COP15），推动达成"昆明—蒙特利尔全球生物多样性框架"。倡导建立"一带一路"绿色发展国际联盟和"一带一路"生态环保大数据服务平台。持续深化应对气候变化"南南合作"，累计安排资金超过 12 亿元。我国已建成全球规模最大的碳市场和清洁发电体系，以年均3%的能源消费增速支撑了年均超过6%的经济增长，成为全球能耗强度降低最快的国家之一。

（二）核与辐射安全总体保持稳定

核安全与放射性污染防治事关公众健康、事关环境安全、事关社会稳定，是生态文明建设的重要领域。党的十八大以来，以习近平同志为核心的党中央将核安全纳入国家安全体系，上升为国家安全战略，始终以安全为前提发展核事业。习近平总书记在全球核安全峰会上提出了理性、协调、并进的核安全观，强调坚持发展和安全并重。近年来，我国不断提升核与辐射安全监管能力，实行最严格的安全标准和最严格的监管措施，全国运行核设施始终保持良好安全记录，放射源辐射事故发生率保持历史最低水平，全国辐射环境质量和重点核设施周围辐射环境水平总体良好，核安全防线更加牢固。

中国核安全观

2014年3月24日，在荷兰海牙第三届核安全峰会上，习近平总书记提出理性、协调、并进的核安全观。中国核安全观是习近平新时代中国特色社会主义思想在核安全领域的集中体现，是总体国家安全观的重要组成部分，是核安全治理领域的重大理论创新，是推进国际核安全进程的重要里程碑，为解决核安全全球治理的根本性问题，构建核安全命运共同体指明了原则、方法和路径。

　　中国核安全观的核心内涵是"四个并重"，即发展和安全并重、权利和义务并重、自主和协作并重、治标和治本并重。

　　制度体系更加健全。颁布实施《中华人民共和国核安全法》，发布《中国的核安全》白皮书，每5年制定实施核安全与放射性污染防治规划，统筹提升全行业核安全能力和水平。建成包括2部顶层法律、7部行政法规、28项部门规章、107项安全导则和千余项技术标准的法规标准体系，确保核安全管理要求从高不从低、管理尺度从严不从宽。

　　安全监管严格有效。秉持独立、公开、法治、理性、有效的监管理念，建立由行政机关、派出机构、技术支持单位"三位一体"的核安全监管体制。实行严格的分阶段的核安全许可证制度和核安全技术审查。核安全许可证制度覆盖核电厂选址、建造、运行、退役等各阶段以及核安全设备活动单位和特殊工作人员，体现了全过程、全范围的特点，只有通过具有独立地位的技术审评单位的技术审评，确认符合核安全法规标准，取得核安全许可证件后，方可开展相应阶段的核安全相关活动。对重点核设施实行严格的全天候驻厂监督，不断强化各类例行、非例行核安全检查制度。依法严格开展核安全行政处罚，对违规操作和弄虚作假"零容忍"。

　　保障能力持续加强。建成全国辐射环境质量监测、重点核设施监督性监测、应急监测"三张网"，布设了1835个监测点位，实时获取和发布辐射环境数据。完善核与辐射事故应急体系，指导建成了 3 支快速支援队伍，以便及时有效处置核事故。建成投运国家核与辐射安全监管技术研发基地，开展关键技术攻关。推动建成龙和处置场，解决我国核电低放废物处置问题。产业队伍不断壮大，截至 2023 年 12 月，我国共有持证的民用核设施操纵人员 3200 余人、无损检验人员 8200 余人、焊接人员 7200 余人、注册核安全工程师 5000 余人。

（三）生物安全防范意识和防护能力不断增强

生物安全关乎人民生命健康，关乎国家长治久安，关乎中华民族永续发展，是国家总体安全的重要组成部分，也是影响乃至重塑世界格局的重要力量。党的十八大以来，以习近平同志为核心的党中央把加强生物安全建设摆到更加突出的位置，纳入国家安全战略，颁布施行《中华人民共和国生物安全法》，出台国家生物安全政策和国家生物安全战略，健全国家生物安全工作组织领导体制机制，积极应对生物安全重大风险，加强生物资源保护利用，我国生物安全防范意识和防护能力不断增强，维护生物安全基础不断巩固，生物安全建设取得历史性成就。

严密防控外来物种入侵。持续加强对外来物种入侵的防范和应对，完善外来入侵物种防控制度，建立外来入侵物种防控部际协调机制，推动联防联控。发布《外来入侵物种管理办法》，陆续发布 4 批《中国自然生态系统外来入侵物种名单》，制定《重点管理外来入侵物种名录》。启动外来入侵物种普查，开展外来入侵物种监测预警、防控灭除和监督管理。加强外来物种口岸防控，严防境外动植物疫情疫病和外来物种传入，筑牢口岸检疫防线。

完善转基因生物安全管理。严格规范生物技术及其产品的安全管理，积极推动生物技术有序健康发展。先后颁布实施《农业转基因生物安全管理条例》《农业转基因生物安全评价管理办法》《生物技术研究开发安全管理办法》《进出境转基因产品检验检疫管理办法》等法律法规和文件。开展转基因生物安全检测与评价，防范转基因生物环境释放可能对生物多样性保护及可持续利用产生的不利影响。发布转基因生物安全评价、检测及监管技术标准200余项，转基因生物安全管理体系逐渐完善。

强化生物遗传资源监管。加强对生物遗传资源保护、获取、利用和惠益分享的管理和监督，保障生物遗传资源安全。开展重要生物遗传资源调查和保护成效评估，查明生物遗传资源本底，查清重要生物遗传资源分布、保护及利用现状。组织开展第四次全国中药资源普查，获得1.3万多种中药资源的种类和分布等信息，其中3150种为中国特有种。开展第三次全国农作物种质资源普查与收集行动，收集作物种质资源9.2万份，其中90%以上为新发现资源。启动第三次全国畜禽遗传资源普查，完成新发现的8个畜禽遗传资源初步鉴定工作。组织开展第一次全国林草种质资源普查，完成秦岭地区调查试点工作。近10年来，中国平均每年发现植物新种约200种，占全球植物年增新种数的十分之一。加快推进生物遗传资源获取与惠益分享相关立法进程，持续强化生物遗传资源保护和监管，防止生物遗传资源流失和无序利用。

三、持续筑牢美丽中国建设生态安全根基

在全国生态环境保护大会上，习近平总书记明确将"守牢美丽中

国建设安全底线"作为全面推进美丽中国建设的六项重大任务之一。新征程上，要全面践行习近平生态文明思想和总体国家安全观，扎实推进党中央关于生态安全的各项决策部署，统筹高质量发展和高水平安全，以守牢生态安全底线、支撑绿色低碳高质量发展、防范化解重大风险为主线，把生态安全工作贯穿美丽中国建设各方面、全过程，有效防范生态环境领域"黑天鹅""灰犀牛"事件，以高水平保护支撑高质量发展，保障我们赖以生存发展的自然环境和条件不受威胁和破坏，夯实中国式现代化建设的生态基石。

（一）健全国家生态安全体系

习近平总书记强调，加快建立健全以生态系统良性循环和环境风险有效防控为重点的生态安全体系。生态安全体系建设是一项具有长期性、复杂性、艰难性的系统工程，是推进国家安全体系建设的重要战略举措。要以总体国家安全观统领和指导生态安全体系建设，防止各类生态环境风险积聚扩散，做好应对任何形式生态环境风险挑战的准备。

完善国家生态安全工作协调机制。建立完善生态安全工作协调机制，加强与经济安全、资源安全等领域协作，推动省级生态安全工作协调机制建立，抓纲带目、上下联动，共享资源力量，强化联防联控，形成纵向到底、横向到边的生态安全体系。落实各类主体责任，形成导向清晰、决策科学、执行有力、激励有效、多元参与、良性互动的环境治理体系。健全工作责任制度，把维护国家安全、落实安全责任纳入工作总体规划和重要议事日程，健全责任落实、沟通协调、督促落实和考核评估等制度。

健全国家生态安全支撑保障体系。健全国家生态安全法治体系、战略体系、政策体系、应对管理体系。完善环境应急责任体系。坚持底线思维，增强危机意识，把生态环境风险纳入常态化管理，从"最坏处"着眼，向"最好处"努力，系统构建全过程、多层级生态环境风险防范体系，为经济社会持续健康发展提供良好的生态安全保障。

增强维护生态安全能力。提升国家生态安全风险研判评估、监测预警、应急应对和处置能力。完善环境应急制度机制。强化科技支撑，加快建设生态环境"大平台、大数据、大系统"，加快推进重大能力建设项目，强化各项软硬件支撑，提升生态安全治理水平。

（二）加强生物安全管理

加强生物安全建设是一项长期而艰巨的任务，需要持续用力，扎实推进。当前，传统生物安全问题和新型生物安全风险相互叠加，境外生物威胁和内部生物风险交织并存，生物安全风险呈现出许多新特点，我国生物安全风险防控和治理体系还存在短板弱项。必须深刻认识新形势下加强生物安全建设的重要性和紧迫性，贯彻总体国家安全观，贯彻落实生物安全法，统筹发展和安全，按照以人为本、风险预防、分类管理、协同配合的原则，加强国家生物安全风险防控和治理体系建设，提高国家生物安全治理能力，切实筑牢国家生物安全屏障。

完善国家生物安全治理体系，加强战略性、前瞻性研究谋划，完善国家生物安全战略。要健全党委领导、政府负责、社会协同、公众参与、法治保障的生物安全治理机制，强化各级生物安全工作协调机制。从立法、执法、司法、普法、守法各环节全面发力，健全国家生物安全法律法规体系和制度保障体系，加强生物安全法律法规和生物安全知识宣传教育，提高全社会生物安全风险防范意识。夯实联防联控、群防群控的基层基础，打好生物安全风险防控人民战争。

强化全链条防控和系统治理，健全生物安全监管预警防控体系。要织牢织密生物安全风险监测预警网络，健全监测预警体系，重点加强基层监测站点建设，提升末端发现能力。快速感知识别新发突发传染病、重大动植物疫情、微生物耐药性、生物技术环境安全等风险因素，做到早发现、早预警、早应对。建立健全重大生物安全突发事件的应急预案，完善快速应急响应机制。加强应急物资和能力储备，既要储备实物，也要储备产能。实行积极防御、主动治理，坚持人病兽防、关口前移，从源头前端阻断人兽共患病的传播路径。立足更精准更有效的防，理顺基层动植物疫病防控体制机制，明确机构定位，提升专业能力，夯实基层基础。

盯牢抓紧生物安全重点风险领域，强化底线思维和风险意识。要强化生物资源安全监管，制定完善生物资源和人类遗传资源目录。加强有害生物防治。开展外来入侵物种普查、监测预警、影响评估，加强进境动植物检疫和外来入侵物种防控。要加强入境检疫，强化潜在风险分析和违规违法行为处罚，坚决守牢国门关口。对已经传入并造成严重危害的，要摸清底数，"一种一策"精准治理，有效灭除。要加强对国内病原微生物实验室生物安全的管理，严格执行有关标准规范，严格管理实验样本、实验动物、实验活动废弃物。加强对抗微生物药物使用和残留的管理。

健全种质资源保护与利用体系，加强生物遗传资源保护和管理。要加快推进生物科技创新和产业化应用，推进生物安全领域科技自立自强，打造国家生物安全战略科技力量，健全生物安全科研攻关机制，严格生物技术研发应用监管，加强生物实验室管理，严格科研项目伦理审查和科学家道德教育。促进生物技术健康发展，在尊重科学、严格监管、依法依规、确保安全的前提下，有序推进生物育种、生物制药等领域产业化应用。把优秀传统理念同现代生物技术结合起来，中西医结合、中西药并用，集成推广生物防治、绿色防控技术和模式，协同规范抗菌药物使用，促进人与自然和谐共生。积极参与全球生物安全治理，加强生物安全政策制定、风险评估、应急响应、信息共享、能力建设等方面的双多边合作交流。

（三）严密防控环境风险

图之于未萌，虑之于未有。我国突发环境事件多发频发的高风险态势仍未根本改变，生态环境治理能力与日益繁重的监管任务要求相比存在较大差距。要以时时放心不下的责任感，始终保持高度警觉，更加有力有效防范生态环境风险，坚持预防为主，强化重点领域环境隐患排查和风险防控，将风险消除在萌芽状态，为全面推进美丽中国建设提供坚强保障。

强化重点领域环境隐患排查和风险防控。不断强化责任意识和底线思维，严守"一废一库一品一重"生态安全底线。深化危险废物规范化环境管理评估，在规范有序、不增加生态环境风险的前提下积极开展危险废物"点对点"定向利用豁免、以"白名单"方式简化跨省转移审批等助企纾困举措。深化尾矿库分类分级环境监管制度落实，推进常态化尾矿库污染隐患排查治理。扎实开展长江经济带尾矿库污染治理"回头看"和黄河流域尾矿库污染治理。建立政府主导、企业参与、多方联动的海洋环境应急协调机制，加强资源共享、联合演练，提升海洋环境应急能力。

及时妥善科学处置突发环境事件。紧盯跨境跨界河流、大江大河干流及重要支流、集中式饮用水水源地、人口集中区域等环境敏感目标，密切关注涉重金属、有毒有害物质、尾矿库泄漏等环境敏感事件，按照"第一时间报告、第一时间赶赴现场、第一时间开展监测、第一时间组织开展调查、第一时间发布信息"等要求，做好信息报告和通报，及时启动应急响应，科学开展应急监测，采取有效处置措施，最大程度降低环境损害，确保生态安全。

突发水污染事件环境应急"一河一策一图"

2018 年 1 月，河南省南阳市发生跨省转移危险废物倾倒淇河的突发环境事件。淇河是丹江口水库入库河流丹江的一个重要支流。事件的发生，对南水北调中线工程水源地丹江口水库水质构成严重威胁。生态环境部派出工作组指导南阳市迅速行动，通过建坝拦截，"以空间换时间"，实现污水、清水分流稀释，历时 22 天，使淇河受污水体全部安全处置并达标下排，实现了"不让一滴受污染的水进入丹江口水库"，妥善处置了这起突发环境事件。

为检验"以空间换时间"的可行性，生态环境部指导南阳市联合湖北省十堰市、陕西省商洛市，开展了丹江口库区试点工作，编制了丹江口水库汇水区突发水污染事件环境应急"一河一策一图"，并总结经验，形成技术指南向全国推广应用。

2021 年以来，各地以涉县级以上集中式饮用水水源地河流为重点，组织开展"一河一策一图"实施，"十四五"期间实现重点河流全覆盖。

提高环境应急处置能力。完善国家环境应急体制机制，健全分级负责、属地为主、部门协同的环境应急责任体系，完善上下游、跨区域的应急联动机制。建强环境应急队伍，进一步整合各方面力量，打造环境应急"国家队"和"地方队"，加大环境应急培训力度，组织开展分层级、多形式、全覆盖业务培训演练，不断提高环境应急人员业务水平，切实加强环境应急准备。实施一批环境应急基础能力建设工程，加快推进生态环境应急研究所重点实验室建设，加快先进技术装备的研发应用。进一步完善环境应急专家库，适时更新专家库成员。建立健全应急物资储备体系，持续加强信息库的动态管理，充分挖掘大型企业等社会储备的潜能，加快形成全国环境应急物资的共建共享。建立健全统一调度机制，探索与大型物流企业建立联动机制，确保应急物资快速调运到位。推进环境应急信息化建设，加快环境应急指挥平台升级迭代，提升应急值守、信息报送、指挥调度、应急管理信息化能力。

（四）确保核与辐射安全

我国进入全面建设社会主义现代化国家的新征程，核安全工作也进入高质量高水平发展的新时期。当前，我国核安全既面临极端情况管理、全球气候变化影响、供应链可靠性等全球共性问题，也面临核电规模大、首堆新堆多等挑战。要坚持理性、协调、并进的核安全观，推动构建与我国核事业发展相适应的现代化核安全监管体制机制、法规标准、能力水平，严格核与辐射安全监管，强化核安全科技创新，确保核与辐射安全万无一失、绝无一失，为实现平安中国、美丽中国、核工业强国目标，推动建设普遍安全世界奠定坚实基础。

持续提升核安全工作水平。要推进高水平核安全法治，加快建设与核强国目标相适应的核安全法规标准体系，做好生态环境法典中放射性污染防治内容编纂，推动电磁辐射环境污染防治立法，着力提升标准自主化、系统化水平。进一步加强国家核安全工作协调机制建设，加强全局统筹和协同联动，凝聚合力推动解决重难点问题。打造高水平核安全科技，持续推进先进、可靠核能技术的开发应用，加强核安全领域关键性、基础性科技研发和智能化安全管理，推进国家核与辐射安全监管技术研发基地建设，全面提升安全分析、经验反馈、事故应急、监管信息化等能力，加大科研基础设施建设力度，夯实保障核安全的能力根基。建设高水平核安全队伍，加强核安全人才储备和领军人才、青年骨干发掘培养，健全人才培训体系，强化人员资格管理，推行监管人员到一线、下班组，加大向国际组织人才推送力度，打造专业素质过硬、管理能力突出、具备国际视野、堪当时代大任的监管队伍。加强我国管辖海域海洋辐射环境监测和研究，提升风险预警监测和应急响应能力。

强化核与辐射安全监管。要严格开展核设施安全监管，加强运行核动力厂、研究堆日常监管，深入开展新建核电机组、研究堆的环评文件、核安全许可申请审批和建造、调试活动监督，加强核燃料循环设施运行监督、核安全设备活动现场监督，推动经验反馈体系有效运转，强化对重要问题和共性问题妥善处理，积极做好《核安全公约》和《乏燃料管理安全和放射性废物管理安全联合公约》履约工作。加强辐射安全监管，强化放射性物品运输容器以及运输活动、铀矿冶和伴生放射性矿开发利用企业监督检查，加强核技术利用、电磁辐射建设项目监管，强化重点项目环评许可及事中事后监管，继续推进放射性废物处理处置、伴生矿废渣处置和老旧设施退役，加强历史遗留退役治理工作重点单位辐射环境监督检查。

推动核安全共治共享。打造政府指导、行业自律、公众参与、国际合作的核安全命运共同体，构建共建共治共享的核安全治理新格局。要全面落实核安全主体责任，健全层层细化、层层落实的核安全责任体系，覆盖核电集团、股份公司、营运单位、工程公司、运行公司、维修公司等全链条各单位，打通责任传导的断点、梗阻。在全社会深入开展核安全公众沟通，依法加强信息公开，做强做优宣传品牌，广泛开展公众参与，畅通和规范群众诉求表达、利益协调、权益保障通道，推动形成科学认识、理性看待、人人维护核安全的良好氛围。担当大国责任，履行核安全国际义务，深度参与国际规则制定，积极开展双多边交流合作，以更积极的态度、更有效的作为推动构建公平、合作、共赢的国际核安全体系。

第七章　深入开展生态环境保护督察和执法

　　要进一步建立健全和严格执行生态环境法规制度，坚持运用好、巩固拓展好强力督察、严格执法、严肃问责等做法和经验。要进一步压紧压实各级党委和政府生态环境保护政治责任，深入推进中央生态环境保护督察，强化执法监管，切实做到明责知责、担责尽责。

　　　　——2023 年 7 月 17 日，习近平总书记在全国生态环境保护大会上的讲话

　　习近平总书记强调，要加强系统监管和全过程监管，对破坏生态环境的行为绝不手软，对生态环境违法犯罪行为严惩重罚。坚持有法必依、执法必严、违法必究，以推动解决人民群众反映强烈的突出生态环境问题为重点，开展监督与执法，推动生态环境保护法律制度全面有效落实，彰显法律威严。

一、保护生态环境必须依靠制度、依靠法治

　　制度是关系党和国家事业发展的根本性、全局性、稳定性、长期

性问题。法律是治国之重器，法治是治国理政的基本方式。要实现经济发展、政治清明、文化昌盛、社会公正、生态良好，必须更好发挥法治引领和规范作用。习近平总书记指出："建设生态文明，重在建章立制，用最严格的制度、最严密的法治保护生态环境。"

（一）法治是治国理政的基本方式

法治是国家治理体系和治理能力的重要依托。全面推进依法治国，是解决党和国家事业发展面临的一系列重大问题，是激发和增强社会活力、促进社会公平正义、维护社会和谐稳定、确保党和国家长治久安的根本要求。要推动我国经济社会持续健康发展，不断开拓中国特色社会主义事业更加广阔的发展前景，就必须全面推进社会主义法治国家建设，从法治上为解决这些问题提供制度化方案。

全面依法治国是国家治理的一场深刻革命，必须更好地发挥法治固根本、稳预期、利长远的保障作用，在法治轨道上全面建设社会主义现代化国家。坚持走中国特色社会主义法治道路，建设中国特色社会主义法治体系、建设社会主义法治国家，围绕保障和促进社会公平正义，坚持依法治国、依法执政、依法行政共同推进，坚持法治国家、法治政府、法治社会一体建设，全面推进科学立法、严格执法、公正司法、全民守法，全面推进国家各方面工作法治化。

（二）保护生态环境离不开强有力的外部约束

良好生态环境是最公平的公共产品，是最普惠的民生福祉，要发挥这一公共产品的最大效用，防止过度索取、肆意破坏。既要不断完善生态环境保护法律制度，强力督察、严格执法、严肃问责，让制度成为不可触碰的高压线，又要不断创新体制机制，真正让保护者、贡献者得到实惠，让保护生态环境成为各责任主体的自觉行动。

党的十八大以来，我们坚持转变观念、压实责任，不断增强全党全社会推进生态文明建设的自觉性主动性，实现由被动应对到主动作为的重大转变。同时也要看到，我国生态环境治理体系仍有待健全，有的地方生态环境监管流于表面、监管不到位，有的企业法律意识淡薄，存在不正常运行污染治理设施、超标排放、监测数据造假等问题。新征程上，要处理好外部约束和内生动力的关系，必须始终坚持用最严格制度最严密法治保护生态环境，保持常态化外部压力。

（三）制度的刚性和权威必须牢固树立起来

习近平总书记多次强调规矩的重要性，明确要求增强制度执行力，坚决维护制度的严肃性和权威性。奉法者强则国强，奉法者弱则国弱。在生态环境领域，更是要做到严守规矩，不越红线。

习近平总书记强调的法律制度执行力

2015年10月29日，习近平总书记在党的十八届五中全会第二次会议上强调，好的制度如果不落实，只是写在纸上、贴在墙上、编在手册里，就会成为"稻草人""纸老虎"。面对各项制度牵扯面广、综合性强的情况，只有通过不断加强制度执行力，使科学化的制度得以高效、务实、有序执行，规章制度才能绽放光彩，取得预期效果。

2020 年 10 月 29 日，习近平总书记在党的十九届五中全会第二次会议上强调，"徒善不足以为政，徒法不足以自行"，法律、法规、政策、规划等得不到严格执行，成了摆设，就会形成"破窗效应"。新时代新征程，推进伟大事业，更需要高效的执行力，这样才能出实招、干实事、创实绩。

制度的生命力在于执行，关键在真抓，靠的是严管。在生态环境保护问题上，就是不能越雷池一步，否则就要受到惩罚。对破坏生态环境的行为不能手软，不能下不为例。发现问题就要扭住不放、一抓到底，不彻底解决绝不松手；要举一反三，从根上解决问题，避免同样的问题在其他地方重复发生。对任何地方、任何时候、任何人，凡是需要追责的，必须一追到底，绝不能让制度成为"没有牙齿的老虎"。只有让制度成为刚性约束和不可触碰的高压线，让违法者承担相应责任，才能真正把生态环境领域的制度优势转化为治理效能。

二、中央生态环境保护督察成效显著

中央生态环境保护督察是习近平总书记亲自谋划亲自部署亲自推动的重大体制创新和重大改革举措。习近平总书记高度重视、亲切关怀中央生态环境保护督察工作，先后多次作出重要指示批示，明确指示该查处的查处、该曝光的曝光、该整改的整改、该问责的问责，为督察工作指明方向。2015年底中央开展生态环境保护督察试点，到2018年完成第一轮督察全覆盖，并对20个省（区）开展"回头看"。2019年启动第二轮督察，到2022年分六批完成了对全国31个省（区、市）和新疆生产建设兵团、2个部门和6家中央企业的督察任务，取得"中央肯定、百姓点赞、各方支持、解决问题"的显著成效，实现了良好的政治效果、经济效果、环境效果和社会效果。2023年11月，第三轮督察全面启动，第一批对福建、河南、海南、甘肃、青海5个省开展督察工作。

（一）有力压实生态文明建设和生态环境保护的政治责任

通过督察推动，各地区、国务院各部门和有关中央企业，对生态文明建设和生态环境保护的重视程度显著提高，不断强化生态文明建设和生态环境保护主体责任和第一责任人责任，将督察作为重大政治任务、重大民生工程、重大发展问题，高位推动、系统推进。各省份普遍成立由党政主要负责同志担任组长的督察领导小组或督察整改领导小组，省委常委会会议、政府常务会议常态化研究部署生态文明建设和生态环保工作，推动落实生态环境保护"党政同责""一岗双责"，各级党委、政府和职能部门齐抓共管的"大环保"工作格局加快构建。

各地区、各部门高度重视中央生态环境保护督察整改，党政主要负责同志靠前指挥，实地调研督导，充分发挥主要领导抓落实的"第一推动力"，第一时间到问题现场指导督促整改，有的还牵头挂点整改任务最重的问题。采取考核评价、专项检查、预警约谈等方式，层层落实整改责任。找准制约督察整改的突出问题，逐一明确解决方案或提出解决建议，打通堵点、连接断点、解决难点，确保按期限、高质量完成督察整改任务。

两轮中央生态环境保护督察追责问责到位

2015—2022 年，中央开展了两轮生态环境保护督察。两轮督察共移交责任追究问题 667 个，被督察对象共追责问责 9699 人，其中厅级干部 1335 人，处级干部 4195 人。

曝光 262 个典型案例，涉及环境污染、环境基础设施短板问题的占 48.5%；涉及生态破坏、影响可持续发展问题的占 33.2%；涉及弄虚作假等生态环保领域形式主义、官僚主义问题的占 18.3%。

（二）切实解决一大批突出生态环境问题

督察紧密结合被督察对象实际，聚焦生态环境保护领域的突出矛盾和重大问题，敢啃"硬骨头"、专攻"老大难"，以鲜明的态度、坚决的措施推动被督察对象增加资金投入、补齐设施短板、解决突出问题、完善工作机制。截至 2023 年底，第一轮督察和"回头看"明确的 3294 项整改任务，总体完成率超过 97%，第二轮督察明确的 2164 项整改任务，总体完成率达 79%，一批重大生态环境问题整改取得明显进展。两轮督察共受理转办群众生态环境信访举报 28.7 万件，已办结或阶段办结 28.6 万件。

例如，甘肃省祁连山国家级自然保护区内 144 宗矿业权全部分类退出，42 座水电站完成分类处置，植被破坏、草原退化等问题得到缓解，逐步恢复水草丰茂、骏马奔腾的风貌。青海省木里矿区对渣山进行刷坡整型和种草复绿，对采坑进行边坡治理和回填，完成矿坑治理主体工程。广东省下决心整治茅洲河、练江黑臭问题，投入 1000 多亿元新建污水收集管网近 12000 公里，新增污水处理能力 254 万吨 / 日，昔日"墨汁河"变成今天的"生态河"。湖南省洞庭湖"夏氏矮围"占地约 2.8 万亩，存在长达 17 年，严重破坏南洞庭湖湿地和水禽自然保护区核心区。督察指出问题后，湖南省提速推进整改，下大力气对"夏氏矮围"及其附属物进行拆除，实现内外湖联通。

督察紧盯区域重大战略实施中生态环境保护要求的落实情况，围绕不同定位和不同特点，有所侧重开展督察。在督察长江经济带相关省份时，紧紧围绕"共抓大保护、不搞大开发"要求，聚焦长江"十年禁渔"、岸线保护、水生态保护修复、污染防治等方面问题。在督察黄河流域相关省份时，紧紧围绕水资源短缺这个比较突出的问题，把"四水四定"落实情况和生态保护修复情况作为督察重点。在做好例行督察的同时，从 2018 年起每年组织拍摄制作长江经济带生态环境警示片，2021 年起同步组织拍摄制作黄河流域生态环境警示片，每年行程约 60 万公里，深入长江经济带 11 省（市）、黄河流域 9 省（区），通过暗查暗访暗拍和明查核实，形成警示片和配套问题清单。2018 年至 2022 年长江警示片披露的 737 个问题已完成整改 642 个，2021 年至 2022 年黄河警示片披露的 295 个问题已完成整改 235 个；11 省（市）和 9 省（区）举一反三，累计排查发现问题 15422 个，已完成整改 14456 个。

（三）积极助力经济高质量发展

"以督察促发展"是中央生态环保督察坚持的重要原则和基本的出发点。督察工作坚持服务大局，紧盯被督察对象完整、准确、全面贯彻新发展理念情况，推动各地协同推进经济高质量发展和生态环境高水平保护，坚定不移走生态优先、绿色发展之路，努力实现经济效益、环境效益、社会效益多赢。

通过督察推动，各地对经济社会发展全面绿色转型的认识明显提高，落实新发展理念、推动高质量发展的自觉性、主动性明显增强，高耗能、高排放的"两高"项目盲目发展势头得到一定遏制，一批违法违规项目被依法处置，一批传统产业优化升级，一批绿色生态产业加快发展。

北京市以督察整改为契机，大力推动生态环境与经济社会、城市建设协同发展，全市万元 GDP 能耗、碳强度、水耗显著下降，污染物排放量大幅降低，"北京蓝"成为生活常态，通州区这个昔日化工聚集区变身"城市绿肺"。长江 11 省（市）累计腾退长江岸线 457 公里，2020 年长江干流首次全线达到 Ⅱ 类水质，既提升了当地的生态环境质量，又为优质产业的发展腾出了发展空间。上海市杨浦滨江占据一线江景的传统"工业锈带"，改造成为以公园绿地为主的生活岸线、生态岸线、景观岸线，实现了向"生活秀带"的华丽转身，昔日老工业企业聚集地成为居民后花园。浙江省有序推进特色行业整治和转型升级，改造提升杭州富阳造纸、宁波慈溪橡胶、台州温岭造船、绍兴柯桥印染、金华兰溪纺织等产业特色片区。福建省宁德市加强海上养殖综合整治，科学规划、合理布局、规范养殖，实现海洋生态环境优化，海上养殖业健康可持续发展。

三、执法监管"刚性约束"逐步确立

生态环境执法是生态环境保护的基础性工作，是实现高水平保护的有力武器。习近平总书记强调，要建立环保严惩重罚制度，坚决制止和惩处破坏生态环境行为。

（一）生态环境法治意识不断增强

国务院每年向全国人大常委会报告环境状况和环境保护目标完成情况；县级以上人民政府认真实施环境报告制度，依法接受人大监督。生态环境部出台《关于深化生态环境领域依法行政 持续强化依法治污的指导意见》，深入推进生态环境领域法治政府建设，不断提高依法行政水平。

各地各部门借助六五环境日等开展形式多样的宣传活动，积极推动生态环境保护法律法规和环保知识进机关、进学校、进社区、进企业、进家庭，营造保护生态环境良好氛围。通过对企业和社会公众"送法上门"、加强培训、以案释法、发送法治宣传短信等方式，联合开展生态环境法治宣传。一些地方创新开展"环保伙伴计划""普法＋教育＋惩戒"三位一体监管、对企业环保合规性全方位"把脉问诊"等普法工作，推动企业全面履行保护环境、防治污染的主体责任，企事业单位守法意识持续增强。

（二）依法查处破坏生态环境违法案件

加强法律实施情况监督。全国人大常委会从 2018 年开始先后对大气污染防治法、海洋环境保护法、水污染防治法、土壤污染防治法、野生动物保护法、固体废物污染环境防治法、环境保护法、长江保护法、湿地保护法等生态环境领域相关法律实施情况开展检查。连续 8 年听取和审议国务院年度环境状况和环境保护目标完成情况报告，聚焦大气污染防治、水污染防治、土壤污染防治、固体废物污染环境防治、长江流域生态环境保护、雄安新区和白洋淀生态保护等重点领域、重点区域和重点流域的环保工作听取审议报告。

严格生态环境保护行政执法。2015 年新环境保护法实施以来，累计查办按日连续处罚等重点案件共计 17 万多件。"十三五"期间全国环境行政处罚案件 83.3 万件，罚款金额 536.1 亿元，较"十二五"期间分别增长 1.4 倍和 3.1 倍，其中，全国适用新环境保护法配套办法案件达到 14.7 万件；2023 年全国各地办理行政处罚案件 7.96 万件，罚没款数额总计 62.7 亿元。自 2018 年起持续开展集中式饮用水水源地环境保护专项行动。自 2016 年起持续开展垃圾焚烧发电达标排放专项整治，全面实现垃圾焚烧发电厂"装、树、联"，5 项大气污染物和炉温自动监测数据达标率稳定在 99% 以上，所有的监测数据均实时监控并向社会公开。

生态环境部修订《生态环境行政处罚办法》

2023 年 5 月，生态环境部印发新修订的《生态环境行政处罚办法》（生态环境部令第 30 号，以下简称《处罚办法》）。《处罚办法》在文件名称、适用范围、框架结构、具体内容上都进行了修改。

在文件名称上，由《环境行政处罚办法》改为《生态环境行政处罚办法》。在适用范围上，新增核与辐射领域。在框架结构上，修订后《处罚办法》条款数目由原来的82条增加至92条，整体框架不变，仍为八个章节，将第三章"一般程序"改为"普通程序"。在具体内容上，修改完善处罚种类、调查取证、行政处罚裁量权的相关规定，规范细化行政处罚的程序，补充增加行政处罚信息公开的内容，修改相关时限和罚款数额。

依法严厉打击环境资源犯罪。2018年1月至2023年6月，全国公安机关共立案侦办破坏环境资源保护类犯罪案件26万起，抓获犯罪嫌疑人33万名。公安部共挂牌督办重大案件1624起，发起集群打击118次，对环境资源犯罪实施"全环节、全要素、全链条"打击。自2020年起最高人民检察院、公安部、生态环境部连续组织开展严厉打击危险废物环境违法犯罪专项行动，并自2021年将重点排污单位自动监测数据弄虚作假违法犯罪行为纳入重点打击专项行动，自2019年起，公安部将污染环境犯罪纳入"昆仑"行动打击重点，2017年起连续组织开展"蓝天"专项打击行动，依法严厉打击"洋垃圾"走私。

（三）行政执法与司法衔接力度不断加大

"两法"衔接机制不断完善。司法机关与行政机关协同发力，加大对环境污染、生态破坏行为的惩治力度。2017 年，原环境保护部、公安部、最高人民检察院联合印发《环境保护行政执法与刑事司法衔接工作办法》，不断完善线索通报、案件移送、资源共享和信息发布等工作机制。2023 年 8 月，最高人民法院、最高人民检察院修订《关于办理环境污染刑事案件适用法律若干问题的解释》，调整了污染环境罪定罪量刑的标准，对公安机关和生态环境部门办案和证据提出了新的要求。

环境资源检察工作不断加强。2018 年 1 月至 2023 年 6 月，全国检察机关共办理各类环境资源案件 82.3 万件。其中，2018 年至 2022 年受理审查逮捕环境资源犯罪案件 6.5 万件，比前 5 年上升 55.7%；受理审查起诉 21 万件，比前 5 年上升 94.2%；办理环境资源民事行政检察监督案件 6.3 万件，年均上升 54.5%；立案办理生态环境和资源保护领域公益诉讼 39.5 万件，年均上升 12.5%。加大对污染环境类犯罪惩治力度，此类犯罪呈下降趋势。2018 年至 2023 年 6 月，受理审查起诉污染环境类犯罪 4.3 万人。其中，2022 年比 2018 年下降31.7%。依法维护公益，2018 年至 2023 年 6 月，共办理生态环境和资源保护领域行政公益诉讼 38.8 万件、民事公益诉讼 5.9 万件。向行政机关发出诉前检察建议 32.6 万件，行政机关回复整改率 99.3%，绝大多数公益损害问题在诉前得到解决。

环境资源审判工作取得积极进展。2018 年 1 月至 2023 年 9 月，共审结各类环境资源一审案件 147 万件，其中刑事案件 18.6 万件、民事案件 98.3 万件、行政案件 27.8 万件、不同主体提起的环境公益诉讼案件 2.3 万件。2018 年至 2022 年受理的环境资源一审案件数量较上一个 5 年增长 76.7%。健全专门化审判组织体系，2014 年 6 月，最高人民法院设立环境资源审判庭，办理相关案件并监督指导全国法院环境资源审判工作。深化案件集中管辖，适应环境资源保护特点，建立以流域、森林、湿地等生态系统及国家公园、自然保护区等生态功能区为单位的案件集中管辖机制。加强跨域司法协作，长江经济带11+1省（市）、黄河流域9省（区）高级法院分别签订环境资源审判协作框架协议，秦岭山脉7省（市）高级法院签订生态环境司法保护协作框架协议并发表《秦岭宣言》。

四、不断提升生态环境保护督察和执法效能

习近平总书记在全国生态环境保护大会上强调，要进一步建立健全和严格执行生态环境法规制度，坚持运用好、巩固拓展好强力督察、严格执法、严肃问责等做法和经验。要进一步压紧压实各级党委和政府生态环境保护政治责任，深入推进中央生态环境保护督察，强化执法监管，切实做到明责知责、担责尽责。

（一）持续提升用最严格制度最严密法治保护生态环境观念

用最严格制度最严密法治保护生态环境是新时代推进生态文明建设必须坚持的重大原则之一。只有实行最严格的制度、最严密的法治，才能为生态环境保护提供可靠保障。

严格落实法定职责。认真贯彻实施环境保护法律制度，各司其职、分工负责、密切协作、共同发力，坚持把法律责任落实到生态环境保护和污染防治全过程。按照法律要求，充分运用查封扣押、按日计罚等法律措施，严厉打击生态环境违法犯罪行为，突出重点行业、重点领域污染治理，加大公益诉讼力度，切实承担治污主体责任，坚

决防止出现"企业得利、群众受害、政府买单"现象。

严格落实生态环境损害赔偿制度。构建责任明确、途径畅通、技术规范、保障有力、赔偿到位、修复有效的生态环境损害赔偿制度，加强组织领导，狠抓责任落实，生态环境损害赔偿工作纳入污染防治攻坚战成效考核以及环境保护相关考核。建立健全统一的生态环境损害鉴定评估技术标准体系，强化技术保障，制定生态环境损害鉴定评估的专项技术规范。严格规范工作程序，建立线索筛查和移送机制，建立重大案件督办机制，推动案件数量合理增加，案件质量有效提升。2018—2023 年，全国累计办理生态环境损害赔偿案件 3.71 万件，涉及赔偿金额超过 221 亿元。

持续强化普法工作。全面落实普法责任制，创新法治宣传方式，围绕生态文明建设开展经常性法治宣传教育。积极推动在生态环境保护立法、执法、司法中开展全过程与个案普法相结合。围绕世界环境日、世界生物多样性日、世界海洋日等宣传活动，广泛宣传贯彻生态环境法律法规。积极支持和指导企业学习生态环境法律法规，组织开展对企业主要负责人的生态环境法治培训，推动企业将生态环境保护合规管理融入企业经营全流程各环节；结合生态环境管理需要，将培训情况作为合理确定检查频次和检查方式的因素。

推进法治监督体系建设。强化社会监督，进一步完善生态环境信息公开制度，督促排污企业依法依规向社会公开相关环境信息。完善公众监督和举报反馈机制，畅通环保监督渠道。鼓励新闻媒体对各类破坏生态环境问题、突发生态环境事件、环境违法行为进行曝光和跟踪。各级人大及其常委会加强生态文明建设立法和法律实施监督，各级政协加大生态文明建设专题协商和民主监督力度。

（二）继续发挥中央生态环境保护督察利剑作用

在全国生态环境保护大会上，习近平总书记再次充分肯定中央生态环境保护督察的经验做法和明显成效，对督察工作提出明确要求，强调继续发挥督察利剑作用。

加强党对督察工作的全面领导。把握督察的政治属性，毫不动摇坚持党的全面领导，深入贯彻习近平生态文明思想和习近平总书记重要指示批示精神，自觉从政治上研判形势、分析问题，始终在政治立场、政治方向、政治原则、政治道路上同以习近平同志为核心的党中央保持高度一致，确保督察始终保持正确的政治方向。

推动督察工作向纵深发展。将美丽中国建设情况作为督察重点，深入开展第三轮中央生态环境保护督察，在省域督察中统筹流域督察。毫不动摇毫不松懈坚持严的基调和问题导向，持续传导压力、压实责任，推动解决。进一步拓宽视野、扩展领域，紧盯"统筹产业结构调整、污染治理、生态保护、应对气候变化，协同推进降碳、减污、扩绿、增长"的部署要求，推动各地坚定不移走生态优先、绿色发展之路，以高水平保护推动高质量发展、创造高品质生活。

第三轮第一批中央生态环境保护督察完成督察反馈

第三轮第一批中央生态环境保护督察，将贯彻落实习近平生态文明思想作为重大政治任务，把习近平总书记重要指示批示落实情况作为重中之重，重点关注党中央、国务院关于生态文明建设重大决策部署落实情况；加快发展方式绿色转型、推动高质量发展情况，坚决遏制"两高一低"项目盲目上马和淘汰落后产能情况；区域重大战略实施中的突出生态环境问题；重大生态破坏、环境污染、生态环境风险及处理情况；环境基础设施建设和运行情况；此前督察发现问题整改情况；人民群众反映突出的生态环境问题；生态环境保护"党政同责""一岗双责"落实情况等。

2024年1月30日，二十届中央生态环境保护督察工作领导小组第2次会议审议通过督察报告。2月26—28日，第三轮第一批中央生态环境保护督察完成督察反馈。

扎实推进督察整改。认真落实《中央生态环境保护督察整改工作办法》，接续用力、紧盯不放，持之以恒做好督察整改"后半篇文章"，形成发现问题、解决问题的督察整改管理闭环。落实各方责任，压实被督察对象主体责任，推动被督察对象精准科学、实事求是、依规依法开展整改，坚决整改、全面整改、彻底整改。强化调度督促，建立完善督察整改台账，实施清单化管理，加强调度、盯办、督导和信息公开，强化"督"与"被督"的协调联动。对督察整改不力的地方视情节采取通报、督导、公开约谈或专项督察等手段，推动问题切实得到解决；对发现的虚假整改、敷衍整改等问题，公开曝光，严肃处理；对督察整改正面典型，及时进行宣传，发挥激励先进、交流工作、引领带动作用。

（三）全面提高生态环境保护执法效能

习近平总书记强调，执法司法公正高效权威才能真正发挥好法治在国家治理中的效能。在依法治污方面，坚持依法行政、依法推进、依法保护。不断严格执法责任、优化执法方式、完善执法机制、规范执法行为，推动生态环境领域依法行政。

持续强化生态环境执法工作。坚持问题导向，敢于动真碰硬，以零容忍态度严厉打击环境违法行为，依法严肃追究相关人员责任，形成持续高压震慑。积极探索创新执法手段，完善"双随机、一公开"监管制度，加强新技术助力，推动信息化保障，大力拓展非现场监管的手段及应用，着力提升监督执法的精细化、科学化水平。推动建立区域交叉检查、专案查办制度、完善自由裁量权制度等方式，科学实施分类监管，确保高效完成重点任务和重点案件办理。推行行政执法公示制度，落实执法全过程记录制度，严格约束行政执法行为。

持续强化生态环境信访投诉举报依法处理。以解决群众身边突出生态环境问题为导向，按照法定途径优先原则，切实依法及时就地处理群众信访投诉举报。加强环境信访法治宣传，完善环境信访规章制度，不断提高环境信访工作的法治化规范化水平。切实发挥全国生态环境信访投诉举报管理平台重要作用，深入挖掘、充分利用信访投诉举报数据"金矿"，梳理筛查微信网络各类污染举报信息，为污染防治攻坚战提供精准数据支持，依法推动解决群众最关心最直接最现实的问题。畅通生态环境违法行为投诉举报渠道，对举报严重违法违规行为和重大风险隐患的有功人员依法予以奖励和严格保护。推动实施生态环境违法行为有奖举报制度，鼓励群众用法律的武器保护生态环境。截至2023年底，仅生态环境部累计向中央生态环境保护督察和大气、水、土壤等领域专项执法行动等提供投诉举报线索 221 万余条。

持续加强生态环境领域司法保护。加强行政执法与司法协同合作，强化在信息通报、形势会商、证据调取、纠纷化解、生态修复等方面衔接配合，对重大、疑难案件加强沟通会商，开展联合督导，实现行政处罚与刑事处罚依法对接。全面贯彻刑法及其修正案、环境污染犯罪相关司法解释的规定，严厉打击生态环境领域犯罪行为，依法追究以逃避监管等方式违法排放污染物、非法倾倒或者跨行政区非法转移危险废物，伪造环评、监测数据，破坏自然保护地等刑事责任。推动完善生态环境公益诉讼制度，与行政处罚、刑事司法及生态环境损害赔偿等制度进行衔接。

第八章　健全美丽中国建设保障体系

抓生态文明建设必须搭建好制度框架，抓好制度执行，同时充分调动广大人民群众的积极性主动性创造性，巩固发展新时代生态文明建设成果。

——2023 年 7 月 25 日，习近平总书记在四川考察时强调

习近平总书记指出："要提高生态环境治理体系和治理能力现代化水平，健全党委领导、政府主导、企业主体、社会组织和公众共同参与的环境治理体系。"构建现代环境治理体系是完善生态文明制度体系、推动国家治理体系和治理能力现代化的重要内容，能够为推动生态环境根本好转、建设生态文明和美丽中国提供有力制度保障。党的十八大以来，在以习近平同志为核心的党中央领导下，我们将生态文明制度建设作为全面深化改革、坚持和完善中国特色社会主义制度的重要内容，着力构建产权清晰、多元参与、激励约束并重、系统完整的生态文明制度体系，建立完善政府有力主导、企业积极参与、市场有效调节的体制机制，激发全社会参与绿色发展的积极性，生态环境治理体系和治理能力现代化水平不断提升。

一、生态文明法律和制度体系不断完善

习近平总书记强调，必须把制度建设作为推进生态文明建设的重中之重。党的十八大以来，我国着力构建系统完整的生态文明制度体系，生态环境法律和制度建设进入了立法力度最大、制度出台最密集、监管执法尺度最严的时期，为推动生态环境保护发生历史性、转折性、全局性变化提供了制度保障。

（一）生态文明制度体系更加健全

党的十八大以来，以习近平同志为核心的党中央推动全面深化改革，加快推进生态文明顶层设计和制度体系建设，相继出台《关于加快推进生态文明建设的意见》《生态文明体制改革总体方案》，生态文明"四梁八柱"性质的制度体系基本形成。

监管制度更加严密健全。中央生态环境保护督察、生态保护红线、国家公园建设、生态环境分区管控、河湖长制、林长制、排污许可、环境质量监测事权上收、全面禁止"洋垃圾"入境、碳排放权交易、新污染物治理、入河入海排污口设置管理等一系列重大制度不断建立健全，为生态环境保护提供了重要制度保障。

责任体系实现历史性突破。生态环境保护"党政同责""一岗双责"、建立各相关部门生态环境保护的责任清单、"管发展必须管环保、管生产必须管环保、管行业必须管环保"、生态环境损害责任终身追究、自然资源资产离任审计、生态文明建设目标评价考核、生态补偿、生态环境损害赔偿、生态环境监测"谁出数谁负责、谁签字谁负责"、企业环境信息依法披露等这些责任制度不断完善，已经基本

上形成了党委领导，政府主导，企业主体、社会组织和公众共同参与的责任体系。

构建以排污许可制为核心的固定污染源监管制度体系。全面推进实行排污许可制，将排污许可制度纳入大气、水、土壤、固体、噪声、海洋等多部法律，国家发布了《排污许可管理条例》，制定了排污许可管理办法、分类管理名录，截至 2024 年 8 月发布 80 项排污许可技术规范、45 项自行监测指南、22 项污染防治可行技术指南。截至 2023 年底，全国累计完成 36.88 万张排污许可证质量审核、25.66 万份执行报告内容规范性审核，共计将 363.87 万家固定污染源纳入排污管理。推动环境管理制度融合，对 40 多个排污量比较小的行业，将环评登记与排污许可登记管理合并；联合税务部门统一环境保护税污染物排放量的计算方法，稳步推动排污许可与环境统计制度衔接。实现排污许可信息化管理，建成全国统一的固定污染源排污许可管理信息平台，有效支撑排污许可证申请、核发执行和监管，出台排污许可证电子证照标准，实现一网通办，跨省通办，全程网办。

全国首张排污许可证

1. 全国首张排污许可证 (华能海南发电股份有限公司海口电厂) 和全国首张造纸行业排污许可证 (山东太阳纸业股份有限公司)，作为"十三五"生态文明改革的阶段性成果见证物，在国家"砥砺奋进的五年"大型成就展生态文明建设成就展区展出，并被国家博物馆征用收藏。

2.全国首张造纸行业排污许可证（山东太阳纸业股份有限公司）被党史展览馆收藏。

3.全国首张排污许可证（华能海南发电股份有限公司海口电厂）和"'全国固定污染源排污许可'全覆盖展板"在党的二十大"奋进新时代"主题成就展生态文明建设成就展区展出。

4.全国首张排污许可证（华能海南发电股份有限公司海口电厂）被国家文物局、中央广播电视总台、中央网信办列入"100件新时代见证物名单"。

（二）生态环境法律法规体系基本形成

党的十八大以来，我国进入生态环境法治建设力度最大的时期。党中央制定实施《党政领导干部生态环境损害责任追究办法（试行）》《中央生态环境保护督察工作规定》《中央生态环境保护督察整改工作办法》《领导干部自然资源资产离任审计规定（试行）》等专项党内法规，并在《中国共产党问责条例》《中国共产党农村工作条例》等重要法规中，对生态文明建设作出重要制度安排。民法典将绿色原则确立为民事活动的基本原则，并专设"环境污染和生态破坏责任"一章。刑法及其修正案对污染环境和破坏资源犯罪作出明确的界定。以上形成了行政、刑事、民事法律法规衔接配套的系列组合拳。完善生态环境保护法律制度体系，制修订相关法律行政法规30余部，形成

"1+N+4" 中国特色社会主义生态环境保护法律制度体系。

"1+N+4" 中国特色社会主义生态环境保护法律制度体系

"1" 是发挥基础性、综合性作用的环境保护法。"N" 是环境保护领域专门法律，包括针对传统环境领域大气、水、固体废物、土壤、噪声等方面的污染防治法律，针对生态环境领域海洋、湿地、草原、森林、沙漠等方面的保护治理法律等。"4" 是针对特殊地理、特定区域或流域的生态环境保护所进行的立法，包括长江保护法、黑土地保护法、黄河保护法、青藏高原生态保护法。

（三）生态环境标准体系建设取得显著进展

党的十八大以来，生态环境标准体系建设适应我国经济社会发展和生态环境保护需求，规模快速扩大，结构不断优化，基本覆盖各类环境要素和管理领域。截至 2023 年底共制修订国家生态环境标准 1348 项，依法备案地方标准 265 项。截至 2023 年底，现行国家生态环境标准达到 2398 项，依法备案的现行强制性地方标准 249 项，包括生态环境的质量标准、风险管控标准、污染物排放标准、监测标准、基础标准、管理技术规范等六类标准，充分发挥了标准的引领和支撑作用。

环境标准支撑重大改革政策实施。支撑排污许可改革，发布 147

项生态环境监测、管理技术规范。支撑生态环境损害赔偿制度改革，发布 8 项生态环境损害鉴定评估国家标准。支撑全面禁止"洋垃圾"进口工作，修订、废止进口可用作原料的固体废物环境保护控制系列标准。支撑对政府的环境责任考核评价和对企业的严格监管，制修订 1400 余项生态环境监测标准。

二、生态环境经济政策与市场体系不断完善

习近平总书记在全国生态环境保护大会上指出，着力构建绿色低碳循环经济体系，有效降低发展的资源环境代价，持续增强发展的潜力和后劲。党的十八大以来，在习近平生态文明思想的指引下，我国持续加大生态环境保护投入，加强生态环境保护经济激励，健全资源环境要素市场化配置体系，提高生态环境治理效能，促进绿色生产和绿色消费，促进经济社会发展全面绿色转型，建设人与自然和谐共生的现代化。

（一）保障绿色低碳财政政策供给

财政政策是落实生态环境投入的重要保障，也是政府履行生态环境管理职能的具体体现。党的十八大以来，财政政策坚持绿色发展，着力增投入、转方式、建机制，支持做好污染防治工作。不断加强顶层设计和资源统筹，全面、系统完善财政支持生态文明建设政策制度体系。聚力资源整合、坚持重点突破、深化改革创新，取得显著成效。

绿色低碳资金投入持续加大。研究出台《财政支持打好污染防治

攻坚战加快推动生态文明建设的意见（2019—2020年）》，指导地方加强机构建设、健全投入机制、规范资金管理。出台《财政支持做好碳达峰碳中和工作的意见》，明确财政支持"双碳"工作的重点方向和领域。浙江、山东、湖南、贵州、宁夏、宁波等地立足本地区"双碳"工作重点，第一时间出台本级财政支持碳达峰碳中和工作的实施意见。支持开展山水林田湖草沙一体化保护和修复工程，积极推动以国家公园为主体的自然保护地体系建设财政保障"1+N"制度体系。出台促进长江经济带生态保护修复奖励政策，推动设立国家绿色发展基金。2019—2021年，中央财政生态环保资金投入12802亿元，年均增长3.7%，带动全国财政生态环保资金投入28268亿元，为支持美丽中国建设、推进人与自然和谐共生的现代化贡献了重要力量。

绿色低碳资金保障更加规范。着力优化政府间财政事权和支出责任划分。研究出台自然资源、生态环境、应急管理三个领域的中央与地方财政事权和支出责任划分改革方案，推动建立权责清晰、财力协调、区域均衡的中央和地方财政关系。大部分省（区、市）已出台省以下财政事权和支出责任划分改革方案。推动生态环境损害赔偿资金规范化管理。建立完善中央生态环保转移支付资金项目储备制度，推动地方尽快形成实物工作量，避免"资金等项目"。

生态补偿机制建设深入推进。印发《关于健全生态保护补偿机制的意见》《关于加快建立流域上下游横向生态保护补偿机制的指导意见》等文件，出台支持长江、黄河全流域建立横向生态补偿机制的实施方案。截至2023年1月，全国已有21个省份在20个流域（河段）建立起跨省横向生态保护补偿机制，例如鲁豫、川甘在黄河干流，川渝、湘鄂在长江干流开展协商并建立机制，流域上下游协同治理、共抓保护的格局逐步形成。"十三五"期间，中央层面年度安排生态保护补偿资金近 2000 亿元。

（二）基本建立绿色税收体系

税收政策是政府筹集生态环境资金、引导生态环境行为的重要手段。党的十八大以来，以环境保护税的立法实施为标志，我国绿色税制建设取得突破性进展，以环境保护税、资源税、耕地占用税"多税共治"，以增值税、企业所得税等系统性税收优惠政策"多策组合"的绿色税收体系框架构建形成，有效抑制企业高污染高耗能行为，鼓励企业节能减排，双向调节助力绿色低碳发展。

税收体系全面绿化。出台并实施我国首个专门绿色税种——环境保护税，向将污染物（大气污染物、水污染物、固体废物和噪声四大类 117 种）直接排入环境的生产经营者征收，确立了"多排多征、少排少征、不排不征和高危多征、低危少征"的调节机制。2023 年环境保护税征收 205 亿元。全面推开资源税改革，将 21 种资源品目和其他金属矿纳入从价计征范围。将地表水和地下水纳入水资源税试点征税范围，实行从量定额计征。赋予省（区、市）级人民政府权限，因地制宜逐步将森林、草场、滩涂等其他自然资源纳入资源税征税范围。自 2014 年以来，成品油消费税税额标准三次上调，最终汽油、石脑油、溶剂油、润滑油单位税额提高至 1.52 元 / 升，柴油、航空煤油、燃料油提高至 1.2 元 / 升。

绿色税收优惠政策日趋完善。为鼓励新能源汽车发展，实施新能源汽车免征消费税政策；免征车辆购置税、车船税，各自发布 54 批、38 批免征新能源汽车车型目录。调整节能节水和环境保护专用设备，环境保护、节能节水项目，资源综合利用企业所得税优惠目录。出台阶段性优惠政策，2019—2021年对符合条件的从事污染防治的第三方企业减按15%的税率征收企业所得税，对风力发电产品、新型墙体材料实行增值税即征即退50%。2015年、2019年、2021年三次完善资源综合利用增值税政策，调整了资源综合利用产品和劳务的优惠目录、退税条件等。

完善税收配套政策措施。将环境保护税全部作为地方收入，中央财政由参与排污费10%分成调整为不再分成，带动各省明确省（区、市）与市县的环保税收入归属。大部分地区选择在省以下继续进行分享。健全事权与支出责任相适应的中央与地方财政关系，调动地方政府环境治理的积极性。提出消费税后移征收环节并稳步下划地方的改革措施，加强消费税对绿色消费的引导作用。出台和修订环境保护税、车辆购置税、耕地占用税、资源税立法，涵盖了两个主要税种、三个具有环保功能的绿色税种，绿色税收法律体系初步建成，不仅为促进生态文明建设夯实了法律基础，更是将全面依法治国贯彻于绿色发展和绿色税制改革全程。

（三）健全绿色金融政策体系

绿色金融是实现绿色发展的重要措施。习近平总书记强调，要完善绿色低碳发展经济政策，强化金融支持，大力发展绿色金融。绿色金融要乘势而上、先立后破。完善绿色金融政策、标准和产品体系，为确保国家能源安全、助力碳达峰碳中和形成有力支撑。

绿色金融政策体系不断完善。党中央、国务院出台一系列政策文件推动绿色金融发展。2015年，印发《关于加快推进生态文明建设的意见》《生态文明体制改革总体方案》，明确提出要健全价格、财税、金融等政策，首次提出建立绿色金融体系。2021年以来印发《关于深入打好污染防治攻坚战的意见》《关于建立健全生态产品价值实现机制的意见》等文件，要求建立健全绿色金融标准体系。2023年印发《关于全面推进美丽中国建设的意见》等政策文件，提出发展绿色金融、支持美丽中国建设的实现路径。党的十八大以来，相关部门深入贯彻党中央、国务院决策部署，不断加大改革力度，建立完善绿色金融政策体系。2016年，中国人民银行、原环境保护部等七部门联合印发《关于构建绿色金融体系的指导意见》，明确绿色金融体系基本框架。发布绿色信贷指引、绿色债券支持项目目录、绿色产业指导目录、银行业保险业绿色金融指引等政策文件，以及金融机构环境信息披露、绿色债券信用评级、碳金融产品等行业标准。生态环境部印发企业环境信息依法披露、应对气候变化投融资、生态环境导向的开发（EOD）项目等政策文件。经过多年发展，绿色金融标准体系、环境信息披露、激励约束机制、产品与市场体系和国际合作等绿色金融"五大支柱"初步形成，绿色金融资源配置、风险管理和市场定价功能的"三大功能"正在显现。

　　绿色金融产品不断丰富。我国已形成以绿色贷款和绿色债券为主、多种绿色金融工具蓬勃发展的多层次绿色金融市场体系。绿色贷款余额常年保持20%以上高速增长，截至2023年末，绿色贷款余额30.08万亿元，存量规模居全球第一；绿色债券市场余额接近2万亿元，是全球第二大绿色债券市场；2023年，绿色保险保费收入达到2297亿元，赔款支出1214.6亿元。推进环境权益交易，建设运行全国碳市场，启动温室气体自愿减排交易市场，在28个省份开展排污权交易试点，2023 年末，全国碳市场排放配额累计成交量 4.4 亿吨，累计成交额 249 亿元，是全球规模最大的碳市场。

绿色金融地方创新实践不断丰富。自 2017 年以来，推动浙江衢州和湖州、江西赣江新区等 10 个市（区）绿色金融改革创新试验区建设，鼓励地方探索区域特色的绿色金融发展和改革创新路径。截至 2023 年三季度末，试验区绿色贷款余额接近 2.3 万亿元，占全部贷款的 14.96%。绿色债券余额约 3600 亿元，同比增长 29.55%，有力支撑了区域绿色低碳转型。2021 年，生态环境部、国家发展改革委等九部门联合发布《关于开展气候投融资试点工作的通知》，在北京市密云区、河北省保定市等 23 个地方开展气候投融资试点，探索气候投融资模式，助力碳达峰碳中和。2023 年末，试点地方储备项目 2305 个，金融机构授信总额 1683 亿元。

（四）强化绿色发展价格政策引导

价格政策是将生态环境成本纳入经济运行成本的重要路径。党的十八大以来，我国积极推进资源环境价格改革，创新和完善促进绿色发展价格机制，围绕节水节能、污水垃圾处理、大气污染治理等重点领域，形成了一系列务实管用的政策措施，有力地推动了节能减排和环境保护。

健全促进节能环保的清洁能源价格机制。出台支持燃煤机组超低排放改造、北方地区清洁供暖价格政策，对高耗能、高污染、产能严重过剩行业用电实行差别化电价政策。对燃煤电厂超低排放电价试行度电补贴，将垃圾焚烧发电纳入可再生能源电价补贴范畴。电动汽车集中式充换电设施用电执行大工业电价，同时免收需量（容量）电费。对实行两部制电价的污水处理企业用电、电动汽车集中式充换电设施用电、港口岸电运营商用电、海水淡化用电，免收需量（容量）电费。循序渐进推动光伏、风电上网电价补贴退坡。全面推行居民生活用气用电阶梯价格制度。

建立有利于节约用水的价格机制。全面推行居民阶梯水价制度和非居民用水超定额累进加价制度。实施《城镇供水价格管理办法》《城镇供水定价成本监审办法》，以"准许成本＋合理收益"为核心思路，进一步完善城镇供水价格形成机制。深化农业水价综合改革。出台推进农业水价综合改革意见，开展农业水价综合改革、深化农业水价综合改革推进现代化灌区建设试点。截至 2023 年底，全国累计实施农业水价综合改革的面积超 8 亿亩。北京、天津等 10 个省份已完成改革，6 个省份改革完成率超过 80%；2575 个涉农县中有超 1000 个基本实现改革目标，4000 多处大中型灌区已实施改革，面积超 3 亿亩。

完善污水垃圾处理收费政策。完善长江经济带污水处理收费机制，制定和调整污水处理收费标准。明确污水处理收费标准应按照"污染付费、公平负担、补偿成本、合理盈利"的原则，综合考虑本地区水污染防治形势和经济社会承受能力等因素制定和调整。明确垃圾计量收费模式，推动垃圾处理费正式入法。截至 2022 年 12 月底，全国 36 个重点城市平均污水处理费为 1.02 元 / 立方米；70.8% 的公共机构缴纳生活垃圾处理费。

（五）培育发展全国统一的生态环境市场

培育发展全国统一的生态环境市场，进一步发挥市场在生态环境资源配置中的基础性作用。党的十八大以来，我国资源环境要素市场化配置已取得积极进展，引导优化资源配置，支持促进资源节约和高效利用，推动绿色产业发展，健全环保信用政策体系。

探索建立资源环境要素市场化配置体系。在科学合理控制总量的前提下，建立用水权、用能权、排污权、碳排放权初始分配和交易制度，开展全国碳排放权交易市场建设和绿色电力交易试点建设，进一步发挥市场在生态环境资源配置中的基础性作用。截至 2023 年底，碳排放配额累计成交额 249 亿元，碳排放配额累计成交量 4.40 亿吨；水量交易累计成交量突破 40 亿立方米；用能权交易 18.4 亿元；完成排污权交易 7.9 亿元，涉及二氧化硫、氮氧化物等各类排污 7.27 万吨。

环保产业快速发展。从 2014 年起，环保产业被多次写入政府工作报告，从生机勃勃的朝阳产业发展为新兴的支柱产业，有力支撑打赢污染防治攻坚战。总体规模持续增长，基本形成了领域齐全、链条延伸、结构优化、分工精细的产业体系，加速构建以第三方治理、综合环境服务、环保管家、"互联网 +"等新模式新业态为核心的现代环境服务体系。2022 年营业收入约 2.22 万亿元，近十年年均复合增长率达 15.1%。创新能力不断增强，基本形成覆盖水、大气、土壤、固废、监测等各个细分技术领域的污染治理技术装备体系。2012—2021 年，我国环境技术发明专利申请总量达 493695 件，占全球环境技术发明专利申请总量的 60.11%。2022 年环保企业平均研发支出同比增长 9.5%，研发支出占营业收入的比重为 2.7%。

环保信用政策日益完善。生态环境部会同国家发展改革委加强环保信用评价制度建设，联合印发《关于加强企业环境信用体系建设的指导意见》《企业环境信用评价办法（试行）》等文件，明确对重点监控企业等 10 类企业开展环保信用评价。推动完善全国公共信用信息基础目录，支持 29 个省（区、市）印发本行政区环保信用评价方法。2021—2022 年，全国累计开展 90 万余家（次）企业环保信用评价。

三、生态环境科技工作取得长足进展

习近平总书记强调，要突破自身发展瓶颈、解决深层次矛盾和问题，根本出路就在于创新，关键要靠科技力量。生态环境科技是国家科技创新体系的重要组成部分，是推动解决生态环境问题的利器。党的十八大以来，生态环境领域认真贯彻落实习近平生态文明思想和习近平总书记关于科技创新的重要论述精神，大力推进生态环境科技创新，推动我国生态环境科技工作取得长足进展，切实发挥了科技创新在打好污染防治攻坚战和生态文明建设中的支撑引领作用。

（一）生态环境科研项目攻关取得重大突破

党的十八大以来，生态环境领域聚焦影响环境质量的关键科学问题，突破了一批污染防治和生态修复的重大理论问题与核心技术瓶颈，为我国生态环境保护发生历史性、转折性、全局性变化提供了有力支撑。

实施水体污染控制与治理科技重大专项。构建了适合我国国情的水污染治理、水环境管理和饮用水安全保障三大技术体系，突破了源头污染治理、河湖生态修复、监控预警、饮用水安全保障等关键技术难题，推动复杂水环境问题的整体性、系统性解决，支撑我国水环境质量发生转折性变化。此外，长江生态环境保护修复联合研究、黄河流域生态保护和高质量发展联合研究重点围绕流域污染成因、生态保

护与修复、减污降碳协同增效、典型生态环境综合解决方案等开展
集中攻关，为流域生态环境治理和推动高质量发展提供了有力科技
支撑。

开展大气重污染成因与治理联合攻关。突破了大气重污染成因机
理、影响评估、决策支撑等关键技术，全面摸清了京津冀及周边地区
大气重污染的来源和成因，有力支撑了《大气污染防治行动计划》的
圆满收官和《打赢蓝天保卫战三年行动计划》取得实效，推动区域空
气质量显著改善。

实现土壤、固废等关键技术突破。完成全国农用地和建设用地土
壤污染详查，是目前国内外开展的覆盖面最广、系统性最强、工作程
度最深、成果最为丰富的土壤生态环境调查，为土壤污染源头治理、
监控预警、风险管控、治理修复提供了科学依据。"无废城市"建设
工作取得积极进展，实现大宗工业固废建材化利用、生活垃圾焚烧发
电、涉重金属固废安全处置等一批关键技术突破，带动了固废循环利
用产业发展。

（二）生态环境科技创新能力建设稳步提升

党的十八大以来，以改善生态环境质量和防范风险为核心，生态
环境领域持续提升科技创新能力建设，不断满足新时代生态环境科技
需求。

基地平台建设持续强化。在国家级科技创新平台方面，实现了多
个"零的突破"，建成环境基准与风险评估、湖泊水污染治理与生态
修复技术等国家工程实验室，有效提升了源头和原始创新能力。同
时，构建了体系完备、要素齐全的平台体系，批准建设国家环境保护

重点实验室、工程技术中心、科学观测研究站等部级创新平台。

环境信息化管理成效显著。全面推进生态环境信息化"四统一、五集中"（统一规划、标准、建设、运维，数据、资金、人员、技术、管理集中）建设，搭建空气质量保障指挥平台、水生态环境综合管理平台、固体废物和化学品综合管理平台等重点业务应用平台，开辟线上战场，做到"污染防治攻坚战推进到哪里，信息化就覆盖到哪里"。

科研人才队伍不断壮大。实施生态环境科研领军人才工程、生态环境监测人才工程等八大人才工程计划。生态环境领域新增两院院士32名、"国家高层次人才特殊支持计划"等各类高层次人才百余名。截至2023年10月，生态环境部系统850余人次获国家级科技奖励，150人获青年科学家奖，870余人次获环境保护科学技术奖一等奖。省级生态环境部门科技人员接近2.5万人，地方科技人才队伍不断壮大。

科技研发投入持续增加。"十三五"以来，生态环境领域中央财政科技投入超过150亿元，国家重点研发计划在大气、水、土壤、固废、生态等方面实施10余个重点专项，生态环境系统牵头承担50个项目，获批资金约14亿元，筹集长江等重点流域联合研究资金超过3亿元。据不完全统计，截至2023年底，全国省级生态环境系统分别获中央、部门、地方投入超过20亿元。

（三）生态环境监测水平跨越式发展

党的十八大以来，通过加强科技攻关，推进新技术、新装备在监测领域的应用，监测眼睛越来越明亮，耳朵越来越灵敏，大脑越来越智慧，监测信息服务不断满足公众需求。

监测网络建设取得历史性成就。深入推进地方监测站点与国家

"应联尽联"，2.5万个地方监测站点数据实现联网共享。建成实现十大流域干流及重要支流、地级及以上城市重要水体省市界和重要水功能区"四个全覆盖"的地表水水环境质量监测网络。土壤、地下水、海洋、噪声等监测网络不断健全，固体废物环境管理初步实现全国"一张网"，陆海统筹、信息共享的生态环境监测网络基本建成。

天空地一体化能力建设卓有成效。生态环境部作为牵头用户的在轨运行卫星7颗，已集成天基卫星、空基遥感、航空无人机、移动巡护监测车和地面观测五种手段，构建起"五基"协同天空地一体化生态环境立体遥感监测体系，着力提升"高精度、全方位、短周期"立体遥感监测能力。

监测技术水平跨入新时代。高精尖实验分析仪器和便携式、快速化应急监测仪器大量配置，卫星遥感、激光雷达、移动走航等先进监测装备在监测领域广泛应用，海上船舶装备保障能力逐步形成。实时交互的数据传输网络全面建成，大数据智慧监测系统加快建设，智慧监测创新应用不断扩大，监测数据质量发生转折性变化。

监测支撑作用全方位展现。建成国家—区域—省级—城市四级空气质量预报体系，预报技术达到世界先进水平，圆满完成重大活动期间空气质量监测预报。完成第二次全国污染源普查，形成了第二次全国污染源普查统一数据库。连续10余年对国家重点生态功能区县域开展生态环境质量监测与评价，支撑了以国家公园为主体的自然保护地体系监督管理，不断提高中央生态环境保护督察效能。

（四）生态环境科技成果转化应用有序推进

生态环境科技成果转化是落实精准、科学、依法治污的重要举措。党的十八大以来，生态环境领域大力推动科技成果转化应用，促进科技创新和经济发展的深度融合。

技术管理体系建设稳步推进。建成并运行国家生态环境科技成果转化综合服务平台，汇聚各类优秀科技成果5000多项，稳步推进环境技术管理体系建设，编制发布13期国家先进污染防治技术目录，29项污染防治可行技术指南、工程技术规范和环境标志产品技术标准等，为地方和企业选用先进、适用、可靠的污染治理技术提供科学指导。

科技帮扶和技术指导有序开展。开设技术服务专区，建立科技帮扶专家库，畅通拓展科技成果转化推广应用的供需对接渠道。印发《百城千县万名专家生态环境科技帮扶行动计划》，助力地方政府和企业解决难点问题。围绕长江生态环境保护修复、黄河流域生态保护和高质量发展、$PM_{2.5}$和O_3污染协同防控等，在重点区域流域组织130余个专家团队深入城市一线开展科技帮扶和技术指导。

（五）生态环境科技工作组织管理务实优化

党的十八大以来，生态环境领域认真贯彻落实党中央、国务院关于科技体制改革的决策部署，坚持问题和目标导向，不断优化生态环境科技工作机制。

科技工作机制不断优化。印发生态环境科技体制改革相关实施意见，推动部系统中央级科研院所扩大单位自主权、开展绩效评价和使命导向管理等改革试点工作，进一步优化工作机制，促进形成"基础研究—管理支撑—技术服务"三大板块协同发展的科技创新环境，推动科研单位开展扩大科研自主权、中长期绩效评价和使命导向管理等改革试点，有效激发了科研人员的主动性和创造性。

科技成果转化持续完善。针对信息不对称、供需脱节、成果转化链不完善等问题，制定出台了专门指导意见，健全科技成果转化工作体系。针对科研工作与实际脱节、科研成果不落地等问题，创新"一市一策"驻点跟踪研究机制，形成"边研究、边产出、边应用、边反馈、边完善"的工作模式，促进提升地方精准、科学治污能力。

科研组织模式自主创新。按照"1+X"模式，联合各领域500多家优势单位、近万名科研人员，组建国家大气污染防治攻关联合中心、长江生态环境保护修复联合研究中心、黄河流域生态保护和高质量发展联合研究中心等，推动形成高效协作的协同攻关机制，为在生态环境保护领域构建集中攻关新型举国体制进行了有益探索。

四、美丽中国全民行动体系逐步构建

生态文明是人民群众共同参与共同建设共同享有的事业。习近平总书记指出："每个人都是生态环境的保护者、建设者、受益者，没有哪个人是旁观者、局外人、批评家，谁也不能只说不做、置身事外。"这深刻回答了生态文明建设和生态环境保护的权责和行动主体问题，彰显了坚持建设美丽中国全民行动的理念。党的十八大以来，党中央高度重视美丽中国全民行动体系构建，加强生态文明宣传教育，推动全社会树立生态文明价值观念和行为准则，引导社会组织和公众共同参与环境治理，把建设美丽中国转化为全体人民自觉行动，汇聚建设美丽中国的强大合力。

（一）公民生态文明素养不断提升

习近平总书记强调："要倡导尊重自然、爱护自然的绿色价值观念，让天蓝地绿水清深入人心，形成深刻的人文情怀。"公众生态环境素养的提升是一项重要而基础的系统性工程。只有公众生态环境素养显著提高，牢固树立社会主义生态文明观，才能把新时代人民群众对美好生态环境的向往转化为思想自觉和行动自觉。

加强生态文明教育。推动生态文明学校教育，把绿色发展有关内容纳入国民教育体系，编写生态环境保护读本，在中小学校开展森林、草原、河湖、土地、水、粮食等资源的基本国情教育，倡导尊重自然、爱护自然的绿色价值观念。积极引导、因地制宜建设各具特色、形式多样的生态文明教育设施，包括生态环境保护宣传教育基地、水情教育基地、生活垃圾分类示范教育基地、生态文明教育场馆等，积极推进生态文明科普教育，普及生态文明理念、科学知识等，培育公众生态文明素养。截至 2023 年底，全国共创建生态环境科普基地 138 家，年服务人数上亿人次，成为公众学习和体验生态环境科学的重要场所。

加强生态文化建设。充分发挥生态文化引领风尚、凝聚共识、精神支撑的重要作用。在全民植树节、六五世界环境日、国际生物多样性日、世界地球日等重要时间节点举办系列活动，设立全国生态日，大力传播生态文明价值理念，促进全社会牢固树立社会主义生态文明观。其中，自 2017 年起，先后在江苏、湖南、浙江、青海、辽宁、山东等地举办"六五世界环境日"国家主场活动，"六五世界环境日"成为社会认知度最高、参与度最广的环保纪念日，抖音"#六五环境日#话题"阅读量超过 58 亿。以生态文学为切入点推进生态文化建设，印发《关于促进新时代生态文学繁荣发展的指导意见》，开展"大地文心"生态文学征文和采风活动，举办中国生态文学论坛，鼓励文化艺术界人士积极参与和创作生产有鲜明时代特色、中国特色的文学或文化作品，以多维度方式生动阐释生态文明理念。通过发布中国生态环境保护吉祥物，开展生态环保主题公益广告征集展播及摄影、书法、绘画大赛等活动，拍摄生态环境成就宣传片《美丽中国》《共同的家园》等，创作推出《让中国更美丽》《环保人之歌》等歌曲，以丰富的表现形式传播生态文明理念，并产生广泛社会影响。

弘扬生态文明建设榜样力量。大力弘扬焦裕禄不怕困难、不怕牺牲的奋斗精神，弘扬久久为功、利在长远的右玉精神，弘扬八步沙林场"六老汉"困难面前不低头、敢把沙漠变绿洲的奋斗精神，弘扬牢记使命、艰苦创业、绿色发展的塞罕坝精神，增强全社会对生态文明的理解和认同。选树主动践行生态文明理念、积极参与生态环境保护事务，事迹感人、贡献突出的先进典型并进行宣传推广，如最美生态环境志愿者、最美生态护林员等，发挥榜样示范和价值引领作用，形成全社会崇尚生态文明的生动局面。

（二）社会监督参与更加有力

人民是历史的创造者，也是生态文明和美丽中国的创造者。推进生态文明建设，需要紧紧依靠人民群众，尊重人民群众的首创精神，激发蕴藏在人民群众之中的丰富智慧、无限创造力和不竭力量，充分发挥人民群众的积极性、主动性、创造性，凝聚民心、集中民智、汇集民力，使生态文明建设扎根于人民群众的创造性实践之中。党的十八大以来，各有关部门认真贯彻落实党中央决策部署，广泛宣传动员社会力量参与生态环境保护，充分发挥各类社会主体的积极作用。

建立健全信息公开机制。信息公开是社会监督和参与的基础。加大政府环境信息公开力度，建立例行新闻发布机制，主动设置议题，通报工作进展成效。做好环境监管信息公开，依法公开生态环境质量信息和环保目标任务，依法公开企业环境违法处罚等信息。加快构建自愿与强制相结合的环境信息披露制度，要求企业主动披露生态环保法律法规执行情况、污染排放数据和环境治理情况，引导和督促企业自觉守法、履行责任，全面提升环境意识、改进环境行为。2023 年，已有 8 万余家企业开展环境信息依法披露，为后续社会监督参与创造了有利条件。

完善监督举报机制。健全举报、听证、舆论和公众监督等制度，完善公众监督和举报反馈机制，建立典型案例曝光机制，拓展公众监督参与渠道与路径。改革完善信访投诉工作机制，出台环境信访办法，持续推动治理重复信访、化解信访积案及集中重复微信网络举报。群众监督举报成为发现问题线索的"金钥匙"，截至 2022 年 6 月，两轮中央生态环境保护督察共受理群众信访举报 28.7 万余件，发现和解决了群众身边一大批突出环境问题。

完善公众参与制度。制定《环境保护公众参与办法》等系列法规或办法，发布《"美丽中国，我是行动者"提升公民生态文明意识行动计划（2021—2025 年)》《公民生态环境行为规范十条》，细化公众参与内容及方式方法等，为公众参与生态环境保护和生态文明建设提供强有力的制度保障与规范指引。建立生态环境志愿服务制度，印发《关于推动生态环境志愿服务发展的指导意见》，推出一批主题鲜明、贴近群众、成效显著、社会影响力大的志愿服务项目，加快推进生态环境领域志愿服务工作发展。根据中国志愿者服务网统计，截至2024年3月，注册环保志愿者超3500万人，以守护者、志愿者等多种方式共护美丽家园。

构建社会行动与实践平台。深入推进"美丽中国，我是行动者"主题实践活动，聘请社会各界人士担任生态环境特邀观察员，连续多年推选十佳公众参与案例、最美自然守护者等系列典型，引导带动更多人参与环保实践。微博"#美丽中国我是行动者#话题"阅读量达10亿。推动生态环境监测、城市污水处理、城市生活垃圾处理、危险废物和废弃电器电子产品处理等四类设施单位向公众开放，激发了公众参与生态环保的热情，撬动社会力量共同推进美丽中国全民行动。仅2017年至2023年底，全国环保设施向公众开放活动已累计接待线上线下参访公众超过2.1亿人次。成立长江江豚、海龟、中华白海豚等重点物种保护联盟，为各方力量搭建沟通协作平台。

环保设施向公众开放活动

环保设施和城市污水垃圾处理设施等是重要的民生工程，对于改善环境质量具有基础性作用。推动相关设施向公众开放，是保障公众环境知情权、参与权、监督权，提高全社会生态环境保护意识的有效措施。

自2017年5月生态环境部与住房和城乡建设部在全国范围内推动环保设施向公众开放工作以来，全国已有两千余家环保设施单位面向社会公众开放，包括生态环境监测、城市污水、城市生活垃圾、危险废物和废弃电器电子产品四类环保设施，覆盖了全国所有地级及以上城市，并成为公众理解环保、支持环保及参与环保的重要载体。

（三）各类社会团体发挥积极作用

2022年，习近平总书记致信祝贺"六五世界环境日"国家主场活动时，号召"全社会行动起来，做生态文明理念的积极传播者和模范践行者，身体力行、真抓实干，为子孙后代留下天蓝、地绿、水清的美丽家园"，对动员全社会积极参与美丽中国建设提出殷切期望。

规范和引导环保社会组织发展。发布《关于加强对环保社会组织引导发展和规范管理的指导意见》等系列政策文件，进一步规范和引导环保社会组织健康有序发展，推动环保社会组织参与生态环境保护和生态文明建设，成为环保工作的同盟军和生力军。鼓励以环保社会团体、环保基金会和环保社会服务机构为代表的环保社会组织，在提升公众环保意识、促进公众参与环保、开展环境维权与法律援助、参与环保政策制定与实施、监督企业环境行为、促进环境保护国际交流与合作等方面发挥积极作用。建立完善环境公益诉讼制度，赋予社会组织发起环境公益诉讼主体资格。

建立环保社会组织培育扶持机制。落实政府购买社会组织服务政策，印发《中央财政支持社会组织参与社会服务项目资金使用管理办法》的通知、《关于通过政府购买服务支持社会组织培育发展的指导意见》等文件，推动扩大政府向社会组织购买服务的范围和规模，加大对包括环保社会组织在内的社会组织资金扶持力度。面向环保社会组织举办培训班，开展公益项目资助活动，如设立"环保设施向公众开放 NGO 基金"项目，资助或支持环保社会组织有序参与生态环境保护工作。针对基层社会组织设立生态公益岗位，如林草部门聘用基层社会组织人员参加森林、草原、湿地、沙化土地等公益管护服务，推动其成为守护绿水青山、推进生态文明建设的前哨和尖兵。

推动各类群团组织发挥示范引领作用。各级妇联组织以"绿色家庭"创建为抓手，推出一批绿色低碳、节能环保的家庭典型，引导家庭自觉履行节能降碳社会责任，同时，推进"美丽庭院"建设工作，助力建设宜居宜业和美乡村。各级共青团组织以青少年生态文明建设工作为重点，以推进"美丽中国·青春行动"为统揽，深化实施保护母亲河专项行动，以减霾、减塑、减排、资源节约和垃圾分类为重点，动员青少年践行绿色生活、参与生态环保实践、助力污染防治。其中，截至 2023 年，全国青少年"绿植领养"活动已连续开展十三届，覆盖全国 100 余所高校，微博话题阅读量 42.8 亿，发放绿植 30 余万株，累计 160 余万人次参与。

五、打好法治、市场、科技、政策"组合拳"

习近平总书记指出，要健全美丽中国建设保障体系。统筹各领域资源，汇聚各方面力量，打好法治、市场、科技、政策"组合拳"，为美丽中国建设提供基础支撑和有力保障。

（一）完善法律和制度

锚定 2035 年美丽中国目标基本实现，根据经济社会高质量发展的新需求、人民群众对生态环境改善的新期待，加大对突出生态环境问题集中解决力度，着力抓好生态文明制度建设，发挥好先行探索示范带动作用。

创新制度机制保障。深化生态文明体制改革，一体推进制度集成、机制创新。构建从山顶到海洋的保护治理大格局，实施最严格的生态环境治理制度。完善环评源头预防管理体系，全面实行排污许可制，加快构建环保信用监管体系。完善自然资源资产管理制度体系，健全国土空间用途管制制度。深入推进领导干部自然资源资产离任审计，对不顾生态环境盲目决策、造成严重后果的，依规依纪依法严格问责、终身追责。

完善法律法规标准。不断完善"1+N+4"的生态环境法律体系，聚焦重要流域、区域的生态保护问题，强化与立法、司法、普法多方协同配合，持续推动生态文明党内法规体系建设。强化美丽中国建设法治保障，推动生态环境、资源能源等领域相关法律制度修订，推进生态环境法典编纂。加快推进美丽中国建设重点领域标准规范制定修订，开展环境基准研究，适时修订环境空气质量等标准，鼓励出台地方性法规标准。

（二）强化激励政策

充分发挥市场在资源配置中的决定性作用、更好发挥政府作用，着力构建绿色低碳循环经济体系，以能源和产业绿色低碳发展为抓手，通过减污降碳协同增效和环境标准提升，推动产业、能源、交通运输和空间结构转型升级，制定绿色生产行业标准，促进环保产业和环境服务业健康发展，有效降低发展的资源环境代价。

完善绿色低碳发展经济政策。用好绿色财税金融价格政策，让经营主体在保护生态环境中获得合理回报。强化财政支持，优化生态文明建设领域财政资源配置，确保投入规模同建设任务相匹配。推进重要江河湖库、重点生态功能区、生态保护红线、重要生态系统等保护补偿，完善生态保护修复投入机制，严格落实生态环境损害赔偿制度，让保护修复者获得合理回报，让破坏者付出相应代价。强化税收政策支持，严格执行环境保护税法，完善征收体系，加快把挥发性有机物纳入征收范围。强化金融支持，大力发展绿色金融，推进生态环境导向的开发模式和投融资模式创新，探索区域性环保建设项目的金融支持模式，引导各类金融机构和社会资本投入。强化价格政策支持，综合考虑企业能耗、环保绩效水平，完善高能耗行业阶梯电价制度。

推动有效市场和有为政府更好结合。要进一步健全资源环境要素市场化配置体系，把碳排放权、用能权、用水权、排污权等资源环境要素一体纳入要素市场化配置改革总盘子，支持出让、转让、抵押、入股等市场交易行为，加快构建环保信用监管体系。进一步规范环境治理市场，促进环保产业和环境服务业健康发展。进一步发展碳市场，完善法律法规政策，稳步扩大行业覆盖范围，丰富交易品种和交易方式，降低碳减排成本，增强企业绿色低碳发展意识，并启动温室气体自愿减排交易市场，建成更加有效、更有活力、更具国际影响力的碳市场。完善生态产品价值实现机制。推进生态产业化和产业生态化，培育大量生态产品走向市场，让生态优势源源不断转化为发展优势。

（三）加强科技支撑

习近平总书记强调，要加强科技支撑，推进绿色低碳科技自立自强，并把科技支撑作为健全美丽中国建设保障体系的重要内容进行部署安排。当前，面对生态文明和美丽中国建设面临的新形势、新挑战、新任务，必须坚持科技思维导向、依靠科技力量，进一步夯实科学治污基础，提升精准治污效能，不断深化生态环境领域科技体制改革，增强生态环境科技供给，以生态环境科技支撑美丽中国建设不断取得新成效。

推进绿色低碳科技自立自强。创新生态环境科技体制机制，构建市场导向的绿色技术创新体系。把减污降碳、多污染物协同减排、应对气候变化、生物多样性保护、新污染物治理、核安全等作为国家基础研究和科技创新的重点领域，加强关键核心技术攻关。加强企业主导的产学研深度融合。引导企业、高校、科研单位共建一批绿色低碳产业创新中心，加大高效绿色环保技术装备产品供给，提高生态环境科技服务水平，提升科技成果转化能力，推动科技成果产业化发展。

实施生态环境科技创新重大行动。围绕国家重大战略区域，推进"科技创新2030—京津冀环境综合治理"重大项目。加强科技创新基础条件保障，建设生态环境领域大科学装置和重点实验室、工程技术中心、科学观测研究站等创新平台，突破跨区域、跨行业、跨介质复合污染治理的重大科技瓶颈。

加强生态文明领域智库建设。支持高校和科研单位加强环境学科建设，加强美丽中国建设重点领域基础科学研究，不断提升生态文明智库综合能力建设，供给高质量的生态文明智库产品。实施高层次生态环境科技人才工程。夯实美丽中国建设人才保障，改革科技人才培养体系，着力培育生态环境领域战略科学家和领军人才，大力培养青年科技人才，造就一支高水平生态环境人才队伍。

（四）加快数字赋能

围绕数字生态文明战略需求，深化人工智能等数字技术应用，实施生态环境信息化工程，加强数据资源集成共享和综合开发利用。建立可信生态环境数据技术体系和数据系统，加强跨介质环境模拟系统研究，推动跨部门、跨区域共建生态环境数字化科学研究平台，解决多领域跨介质区域系统管控需求，构建美丽中国数字化治理体系，建设绿色智慧的数字生态文明。

加快建立现代化生态环境监测体系，健全天空地海一体化监测网络。加强生态质量监督监测，推进生态环境卫星载荷研发，实现精准生态风险评估。加强温室气体、地下水、新污染物、噪声、海洋、辐射、农村环境等监测能力建设，实现降碳、减污、扩绿协同监测全覆盖，提升生态环境质量预测预报水平。实行排污单位分类执法监管，大力推行非现场执法，加快形成智慧执法体系。

（五）实施重大工程

实施生态环境领域重大工程是推动生态环境保护规划目标落实、持续改善生态环境质量的有力抓手。党的十八大以来，生态环境领域重大工程项目谋划能力不断提升，建成中央生态环境资金项目储备库，建立生态环保金融支持项目储备库，联合自然资源部推进重点区域流域山水林田湖草沙一体化保护和修复工程。面对全面推进美丽中国建设的部署和要求，要持续发挥实施重大工程项目的重要支撑作用，谋划一批具有前瞻性、战略性的重大工程。

加快实施减污降碳协同工程。围绕能源结构低碳化、移动源清洁化、重点行业绿色化、工业园区循环化转型等领域，组织开展重点区域、城市、产业园区、企业等多层次、多领域的减污降碳协同创新工程，推动减污降碳协同增效工作在不同层面、不同领域加快落地。

加快实施环境品质提升工程。围绕重点领域污染减排、重要河湖海湾综合治理、土壤污染源头防控、危险废物环境风险防控、新污染物治理等领域，实施一批环境品质提升项目，打造一批区域精品工程，不断提升城乡人居环境品质，在高质量发展中满足人民的美好生活需要。

加快实施生态保护修复工程。构建国土空间生态保护修复战略格局，统筹实施重要生态系统保护和修复重大工程，包括生物多样性保护、重点地区防沙治沙、水土流失综合防治等。深入组织实施长江生态环境保护修复、黄河流域生态保护和高质量发展等联合研究。加快出台实施中国生物多样性保护战略与行动计划、生物多样性保护重大工程实施方案，开展生物多样性可持续利用试点示范。

加快实施现代化生态环境基础设施建设工程。推进城乡和园区环境设施、生态环境智慧感知和监测执法应急、核与辐射安全监管等项目实施，创新基础设施建设运行模式，强化项目跟踪问效，加快补齐环境基础设施建设和运行的短板弱项，不断夯实生态环境治理体系和治理能力现代化根基。

（六）建立多元行动体系

习近平总书记在全国生态环境保护大会上指出，"只有人人动手、人人尽责，激发起全社会共同呵护生态环境的内生动力，才能让中华大地蓝天永驻、青山常在、绿水长流"。要坚持多方共治，形成全社会共同推进环境治理的良好格局。

加大习近平生态文明思想宣传力度。深化习近平生态文明思想理论研究，推动习近平生态文明思想大众化传播，让党的创新理论、大政方针飞入寻常百姓家，引领美丽中国建设。讲好中国生态文明建设故事，大力宣传国家生态文明建设示范市县、"绿水青山就是金山银山"实践创新基地、无废城市等典型案例，推动形成"人与自然和谐共生"的社会共识。

推动公众深度参与。深化宣传推广《公民生态环境行为规范十条》，鼓励创新推广行动形式，推动全社会自觉践行绿色低碳生活方式。开展公民生态环境行为调查，掌握公众生态环境意识和行为基本情况及其变化趋势，有针对性地开展宣传引导工作。推动生态环境志愿服务行动，着力打造生态环境志愿服务品牌项目，搭建更多优质生态环境志愿服务平台，增强公众参与的积极性、认同感。

推动各类重点群体发挥作用。发挥党政机关作用。各级党政机关要走在前列，推动厉行勤俭节约、反对铺张浪费，健全节约能源资源管理制度，提高能源资源利用效率，推行绿色办公，加大绿色采购力度。发挥企业作用。坚持市场导向，完善经济政策，健全市场机制，规范环境治理市场行为，强化环境治理诚信建设，促进行业自律。强化企业环境主体责任意识，排污单位应按照排污许可证等规定依法向社会公开污染物排放相关信息、环境年报和企业社会责任报告。鼓励企业通过深化环保设施开放、设立企业开放日、建设教育体验场所、开展生态文明公益活动等形式，参与生态文明宣传教育。发挥社会组织作用。工会、共青团、妇联等群团组织，要基于自身特点和优势，积极动员广大职工、青年、妇女参与环境治理。行业协会、商会要发挥桥梁纽带作用，促进行业自律。加大对环保社会组织的管理、支持和培育力度，引导具备资格的环保社会组织依法开展生态环境公益诉讼等活动。

第九章　共建清洁美丽世界

　　我们应该携手努力，共同推进人与自然和谐共生，共建地球生命共同体，共建清洁美丽世界。

　　——2022 年 12 月 15 日，习近平总书记向《生物多样性公约》第十五次缔约方大会第二阶段高级别会议开幕式致辞

　　生态环境是人类生存和发展的根基，保持良好生态环境是各国人民的共同心愿。习近平总书记提出："我们要加强团结、共克时艰，让发展成果、良好生态更多更公平惠及各国人民，构建世界各国共同发展的地球家园。"党的十八大以来，以习近平同志为核心的党中央大力推动共建地球生命共同体，积极参与全球环境治理，为共建人类命运共同体、推动人类可持续发展贡献了中国智慧、中国方案、中国力量，为共同建设清洁美丽的世界擘画蓝图。

一、地球是全人类赖以生存的唯一家园

　　人类只有一个地球，我们必须做好携手迎接更多全球性挑战的准备，把世界各国人民对美好生活的向往变成事实。习近平总书记提

出："仰望夜空，繁星闪烁。地球是全人类赖以生存的唯一家园。我们要像保护自己的眼睛一样保护生态环境，像对待生命一样对待生态环境，同筑生态文明之基，同走绿色发展之路。"中国坚定践行多边主义，坚持共商共建共享的全球治理观，已成为全球生态文明建设的重要参与者、贡献者、引领者。

（一）全球生态环境问题危及人类福祉

习近平总书记指出，生态环境关系各国人民的福祉。生态兴则文明兴，生态衰则文明衰，生态文明建设关乎人类未来。人类能不能在地球上幸福地生活，同生态环境有着很大关系。人与自然共生共存，伤害自然最终将伤及人类。

工业文明创造了巨大物质财富，也产生了难以弥补的生态创伤。杀鸡取卵、竭泽而渔的发展方式走到了尽头，地球上的物质资源必然越用越少，顺应自然、保护生态的绿色发展昭示着未来。要将增进人民福祉、实现人的全面发展作为出发点和落脚点，充分考虑各国人民对美好生活的向往、对优良环境的期待、对子孙后代的责任，推动实现生态环境保护和发展经济、创造就业、消除贫困等多方面共赢，在发展中保障和改善民生，不断增加各国人民获得感、幸福感、安全感。

（二）保护生态环境是全球面临的共同挑战和共同责任

全球性生态环境危机成为人类共同面对的紧迫问题。目前，世界各国都面临疫后的经济复苏、保障民生、改善环境这样一些重大、可持续的发展议题，全球可持续发展问题变得越来越紧迫、越来越具有挑战性。

全球生态环境危机

2023 年 7 月 10 日，联合国发布的《2023 年可持续发展目标报告：特别版》警告，"在可评估的约 140 个具体目标中，半数中度或严重偏离预期。此外，这些具体目标中有 30% 以上毫无进展，或更有甚者，跌破 2015 年的基线"。当前，环境污染每年导致全球约 900 万人过早死亡；全球 100 多万种动植物正面临灭绝风险；以目前的速度，全球气温将在 2040 年左右甚至更早上升 1.5 摄氏度。放眼世界，全球变暖趋势仍在持续，极端气候事件更加频繁，全球物种灭绝速度不断加快，土地荒漠化形势依然严峻，全球环境治理面临的困难前所未有。

保护地球家园是全人类需要肩负的共同责任。习近平总书记指出，人类生活在同一个地球村里，生活在历史和现实交汇的同一个时空里，越来越成为你中有我、我中有你的命运共同体。时至今日，面对气候变化、海洋污染、生物保护等全球性环境问题，共同承担责任、积极携手行动仍是人类唯一的选择，任何一国想单打独斗都无法解决，必须开展全球行动、全球应对、全球合作。

（三）构建人与自然和谐共生的地球家园

大自然是包括人在内的一切生物的摇篮，是人类赖以生存发展的基本条件。马克思认为，人靠自然界生活。人类在同自然的互动中生产、生活、发展。中华文明强调要把天地人统一起来，按照大自然规律活动，取之有时，用之有度。习近平总书记指出："自然是生命之母，人与自然是生命共同体"。大自然孕育抚养了人类，人类应该以自然为根，尊重自然、顺应自然、保护自然。不尊重自然、违背自然规律，只会遭到自然报复。自然遭到系统性破坏，人类生存发展就成了无源之水、无本之木。

我们要站在对人类文明负责的高度，共建人与自然生命共同体，共建繁荣、清洁、美丽的世界，以生态文明为引领，协调人与自然的关系；以绿色转型为驱动，助力全球可持续发展；以人民福祉为中心，促进社会公平正义；以国际法为基础，维护公平合理的国际治理体系；要深怀对自然的敬畏之心，构建人与自然和谐共生的地球家园；必须秉持人类命运共同体理念，坚持绿色低碳发展，解决好工业文明带来的问题，把人类活动限制在生态环境能够承受的限度内，实现世界的可持续发展和人的全面发展；要以自然之道，养万物之生，从保护自然中寻找发展机遇，实现生态环境保护和经济高质量发展双赢，加强团结、共克时艰，构建世界各国共同发展的地球家园。

二、积极参与国际环境合作

1972 年，联合国在瑞典斯德哥尔摩召开了第一次人类环境大会，环境问题首次上升到全球合作层面，开启了环境保护国际合作的大门。习近平总书记指出："中国愿同各方一道，坚持走绿色发展之路，共筑生态文明之基，携手推进全球环境治理保护，为建设美丽清洁的世界作出积极贡献。"中国在努力解决自身环境问题的同时，高度重视、积极参与并不断深化环境保护国际合作，赢得国际社会高度认可和广泛赞誉。

（一）积极开展双多边生态环境保护合作

中国与多个国家开展了环境交流合作，签署合作文件，与多个国际或区域组织建立合作机制，打造合作平台，已经形成了高层次、多渠道、宽领域的合作局面。

加强区域环境合作。建立中欧环境与气候高层对话机制，至2024年已召开四次会议。中国推动建立金砖国家、上海合作组织成员国环境部长会议机制，召开金砖国家应对气候变化高级别会议、上海合作组织环境部长会，启动中国—中东欧国家合作绿色发展和环境保护年活动，组织召开中国—中东欧国家环保合作机制部长级会议和环保技术推介会。积极开展中国—东盟、上海合作组织、中日韩、澜沧江—湄公河、二十国集团（G20）、亚太经合组织（APEC）等机制下部长级和工作层生态环境交流对话。发挥中国—东盟环境保护合作中心、"中国—上海合作组织环境保护合作中心""澜沧江—湄公河环境合作中心""中非环境合作中心"的积极作用，与域内国家共同制定并实施合作战略和行动计划，组织召开部长级会议、环境合作论坛、专家研讨会、人员培训等形式多样的交流活动。

加强双边环境合作。中俄建立有中俄总理定期会晤委员会环境保护合作分委会、中哈建立有中哈合作委员会环境合作委员会机制。中国与印度、巴西、南非、美国、加拿大、日本、韩国、德国、法国、挪威、东盟等多个国家和地区在环境保护、塑料污染治理、固废管理、生物多样性保护、节能环保、清洁能源、荒漠化防治、海洋和森林资源保护等领域开展合作。2018 年，中法国家领导人发布联合声明，启动"中法环境年"，两国环保部门签署环保合作行动计划（2018—2020），从中法全面战略伙伴关系高度对生态环保和气候变化合作提出要求。积极参加我国与亚洲、欧洲、拉丁美洲、大洋洲重点国家自由贸易协定的环境章节谈判，加强经贸领域下的环境合作。

积极与国际组织开展合作。中国积极参与联合国环境大会等国际合作机制，举办世界环境日全球主场活动，分享生态文明和绿色发展的理念与实践。不断加强与联合国环境规划署、开发计划署、工业发展组织等机构对接。加强与能源基金会、美国环保协会、世界资源研究所等境外非政府组织开展交流与合作。积极参与世界贸易组织机制下涉环境与贸易相关工作，推动经贸领域环境规则制订向于我国有利方向发展。

（二）扎实推进落实联合国 2030 年可持续发展议程

中国高度重视《2030 年可持续发展议程》的落实，对落实工作进行了全面部署。

《2030 年可持续发展议程》由 193 个联合国会员国共同达成

2015 年 9 月 25—27 日，举世瞩目的"联合国可持续发展峰会"在纽约联合国总部召开。会议开幕当天通过了一份由 193 个会员国共同达成的成果文件,即《改变我们的世界——2030 年可持续发展议程》(Transforming our World: The 2030 Agenda for Sustainable Development)。该纲领性文件包括 17 项可持续发展目标和 169 项具体目标,将推动世界在之后 15 年内实现 3 个史无前例的非凡创举——消除极端贫穷、战胜不平等和不公正以及遏制气候变化。

中国制订《中国 21 世纪议程——中国 21 世纪人口、环境与发展白皮书》,这是全球第一部国家级《21 世纪议程》,率先发布《中国落实 2030 年可持续发展议程国别方案》,为其他国家尤其是发展中国家提供了重要参考和借鉴。2016 年,习近平总书记在二十国集团领导人杭州峰会上,亲自倡导落实 2030 年可持续发展议程,推动制定《二十国集团落实 2030 年可持续发展议程行动计划》,得到国际社会高度评价。2017 年和 2019 年,习近平总书记先后向中国国际发展知识中心启动仪式暨《中国落实 2030 年可持续发展议程进展报告》发布会、首届可持续发展论坛致贺信,表明我国高度重视并积极推动落实 2030 年可持续发展议程。中国发布四期《中国落实 2030 年可持续发展议程进展报告》,两次参加落实 2030 年议程国别自愿陈述,同各国分享落实经验,为其他发展中国家落实议程提供力所能及的帮助,助力全球早日实现可持续发展目标。

(三)积极履行环境国际公约

中国始终把解决全球性环境问题放在首要地位,认真履行有关国际条约的义务，承担环境保护责任。目前，中国已签约或签署加入的与生态环境有关的国际公约、议定书等有 50 多项，涉及气候变化、生物多样性、臭氧层保护、化学品、海洋、土地退化等领域。

履行《关于消耗臭氧层物质的蒙特利尔议定书》（以下简称《蒙特利尔议定书》）成效显著。中国自 1991 年加入《蒙特利尔议定书》以来，严格履行国际承诺。2021 年 4 月，习近平总书记宣布中国决定接受《〈蒙特利尔议定书〉基加利修正案》，这是中国为全球臭氧层保护和应对气候变化作出的新贡献。截至 2023 年，已累计淘汰消耗臭氧层物质（ODS）的生产和使用约 62.8 万吨，占发展中国家淘汰量一半以上。中国国家消耗臭氧层物质进出口管理办公室先后荣获"亚洲环境执法奖""欧洲和中亚地区网络海关与执法官员臭氧层保护奖"。

《关于持久性有机污染物的斯德哥尔摩公约》（以下简称《斯德哥尔摩公约》）履约取得积极成效。中国已全面淘汰 29 个种类《斯德哥尔摩公约》管控的持久性有机污染物，提前完成含多氯联苯电力设备下线处置的履约目标，清理处置了历史遗留的上百个点位十万余吨持久性有机污染物废物。通过履约，减少了每年数十万吨持久性有机污染物的生产和环境排放，环境和生物样品中有机氯类持久性有机污染物含量水平总体呈下降趋势。中国参加了历届缔约方大会和 POPs 审查委员会，推荐专家加入 POPs 审查、全球 POPs 监测和最佳可行技术导则编制专家小组。

稳步推进其他公约履约工作。严格履行《关于汞的水俣公约》，停止烧碱、聚氨酯等 7 个行业的用汞工艺，禁止添汞电池、开关继电器等 9 大类添汞产品的生产和进出口。2019 年，在中国的引领推动下，

《控制危险废物越境转移及其处置巴塞尔公约》缔约方大会就公约附件修改达成一致，废塑料管理最终被纳入具有法律约束力的框架，严格履行《关于在国际贸易中对某些危险化学品和农药采用事先知情同意程序的鹿特丹公约》，严格落实事先知情同意程序。2022年，《关于特别是作为水禽栖息地的国际重要湿地公约》第十四届缔约方大会在中国武汉和瑞士日内瓦同时举行，大会通过了《武汉宣言》和全球湿地发展战略框架决议，为保护湿地全球行动注入了新的动力。中国自加入《核安全公约》和《乏燃料管理安全和放射性废物管理安全联合公约》以来，切实履行公约义务，承担大国责任，向国际社会表明中国核安全及放射性废物管理状况，分享监管经验和良好实践，接受国际同行评议，中国良好的核安全业绩和实践得到了国际上的普遍认可。积极开展《伦敦公约》及其《96议定书》履约工作，分享我国海洋倾废领域管理实践，跟踪国际最新管理和技术进展，加强与国内管理制度体系的衔接，制订倾倒物质评价规范等管理文件，提升国内倾废管理水平，推动履约工作稳步进行。

三、积极参与应对气候变化全球治理

应对气候变化是全人类的共同事业，只有坚持多边主义，讲团结、促合作，才能互利共赢，福泽各国人民。习近平总书记指出："作为全球治理的一个重要领域，应对气候变化的全球努力是一面镜子，给我们思考和探索未来全球治理模式、推动建设人类命运共同体带来宝贵启示。"中国参与全球气候治理，为全球应对气候变化作出巨大贡献。

（一）领导人气候外交增强全球气候治理凝聚力

习近平总书记多次在重要会议和活动中阐释中国的全球气候治理主张，运筹气候外交，为《巴黎协定》的达成、签署、生效和实施作出了历史性突出贡献，推动全球气候治理取得重大进展。2015 年，习近平总书记出席气候变化巴黎大会并发表重要讲话，为达成 2020 年后全球合作应对气候变化的《巴黎协定》作出历史性贡献。2016 年 9 月，习近平总书记亲自交存中国批准《巴黎协定》的法律文书，推动《巴黎协定》快速生效，展示了中国应对气候变化的雄心和决心。在全球气候治理面临重大不确定性时，习近平总书记多次表明中方坚定支持《巴黎协定》的态度，为推动全球气候治理指明了前进方向，注入了强劲动力。

《巴黎协定》的达成

2011 年，气候变化德班会议设立"强化行动德班平台特设工作组"，即"德班平台"，负责在《联合国气候变化框架公约》（以下简称《公约》）下制定适用于所有缔约方的议定书、其他法律文书或具有法律约束力的成果。德班会议同时决定，相关谈判需于 2015 年结束，谈判成果将自 2020 年起开始实施。

2015 年 11 月 30 日至 12 月 12 日，《公约》第 21 次缔约方大会暨《议定书》第 11 次缔约方大会（气候变化巴黎大会）在法国巴黎举行。包括中国国家主席习近平在内的150 多个国家领导人出席大会开幕活动。巴黎大会最终达成《巴黎协定》，对 2020 年后应对气候变化国际机制作出安排，标志着全球应对气候变化进入新阶段。截至 2023 年 10月，《巴黎协定》签署方达 195 个，缔约方达 195 个。中国于 2016 年 4 月 22 日签署《巴黎协定》，并于 2016 年 9 月 3日批准《巴黎协定》。2016 年 11 月 4 日，《巴黎协定》正式生效。

习近平总书记在全球经济增长放缓、气候危机挑战下提出了有力度的气候行动目标。2020 年 9 月，习近平总书记在第 75 届联合国大会上宣布"中国二氧化碳排放力争于 2030 年前达到峰值，努力争取 2060 年前实现碳中和"。2020 年 12 月，习近平总书记在纪念《巴黎协定》达成五周年的联合国气候雄心峰会上全面提出了中国更新的、更有力度的自主贡献目标，彰显了中国愿为全球应对气候变化作出新贡献的明确态度。此后，习近平总书记多次在不同国际场合都宣布了中国实现碳达峰碳中和的决心是坚定不移的。习近平总书记做出的强有力宣示，为落实《巴黎协定》、推进全球气候治理进程和疫情后绿色复苏注入了强大政治推动力。

（二）积极建设性参与气候变化国际谈判

中国积极建设性参与应对气候变化国际谈判，认真履行《联合国气候变化框架公约》及其《巴黎协定》，以更加积极的姿态参与全球气候谈判议程和国际规则制定。

积极参与应对气候变化国际谈判。中国坚持公平、共同但有区别的责任和各自能力原则，坚持按照公开透明、广泛参与、缔约方驱动和协商一致的原则，引导和推动了《巴黎协定》等重要成果文件的达成。全面深入参加《公约》附属机构会议及联合国气候变化大会各议题谈判磋商，发挥积极建设性作用，协调各方立场，推动发展中国家普遍关心的适应、损失和损害等议题取得阶段性进展，为大会达成积极成果贡献中国智慧。

积极参与《公约》外渠道谈判。中国高质量完成政府间气候变化专门委员会（IPCC）第六次评估报告的 4 次政府评审；积极参加 G20、国际民航组织、国际海事组织、金砖国家会议、亚太经济合作组织（APEC）、世界贸易组织（WTO）等框架下气候议题磋商谈判，介绍中方气候变化国际谈判关键议题的主张立场，引导各方弥合分歧、相向而行，协同推进气候多边进程；编制完成《第四次气候变化国家信息通报》和《气候变化第三次两年更新报告》。

坚决维护发展中国家共同利益。中国推动发起建立了"基础四国"和"立场相近发展中国家"等多边磋商机制，积极协调"基础四国""立场相近发展中国家""七十七国集团和中国"应对气候变化谈判立场，为维护发展中国家团结、捍卫发展中国家共同利益发挥了重要作用。

（三）加强应对气候变化国际合作

中国一贯高度重视应对气候变化国际合作，推动高层对话交流，凝聚政治共识，深化气候领域双多边合作机制，取得了丰硕成果。

推动高层对话交流，凝聚政治共识。中美气候特使及磋商团队进行多次密集磋商，双方就加强双边合作、共同推动2021年4月、11月先后发表《中美应对气候危机联合声明》和《中美关于在21世纪20年代强化气候行动的格拉斯哥联合宣言》，2023年11月发表《关于加强合作应对气候危机的阳光之乡声明》，传递了中美携手应对气候变化等全球性挑战的积极信号。开展四次中欧环境与气候高层对话，发布《第二次中欧环境与气候高层对话联合新闻公报》《第四次中欧环境与气候高层对话联合新闻稿》，持续推进"中欧碳排放交易政策对话"等双边气候变化对话，不断强化碳市场、低碳城市等领域中欧合作，与欧盟、加拿大共同发起气候行动部长级会议并已共同举办七届会议，首次主办金砖国家应对气候变化高级别会议和中国—海湾阿拉伯国家合作委员会应对气候变化研讨会。与欧盟、法国、德国、英国、爱尔兰、加拿大、俄罗斯、日本、埃及、阿联酋等国家开展部长级双边会谈，增强互信。

深化气候变化领域双多边合作机制。推动实施中欧绿色行动、建设中欧碳中和联合研究中心，举办中国—北欧碳中和交流活动。牵头制定G20转型金融政策框架。开展中英气候变化对话，实施中欧（盟）气候变化旗舰计划，召开中欧适应气候变化对话会，与欧盟共同实施"中欧＋东南亚"三方应对气候变化专家合作倡议。与欧盟开展中国生物多样性基金政策对话项目、与德国开展气候伙伴关系、国家自主贡献、碳市场等项目，推进与欧盟、东盟、德国、英国、芬兰、丹麦、日本、韩国、新西兰、新加坡、南非、乌拉圭等能源转型、清洁能源技术、工业绿色低碳发展等领域的交流合作。

积极开展应对气候变化南南合作。自2012年以来，中国通过开展低碳示范区建设、物资援助、能力建设培训等方式，在力所能及的范围内为相关发展中国家应对气候变化提供支持，帮助其提高应对气候变化能力。中国与41个共建国家签署50份气候变化南南合作谅解备忘录，与老挝、柬埔寨、塞舌尔、巴布亚新几内亚合作建设低碳示范区，与30多个发展中国家开展70余个减缓和适应气候变化项目。中国与老挝、柬埔寨和塞舌尔等国共同开展低碳示范区建设，通过援助低碳物资、联合编制低碳示范区规划以及开展能力建设等形式，以"物资＋智力"相结合方式，促进当地绿色、低碳和可持续发展。中国积极开展物资援助项目，应对气候变化南南合作物资援助项目兼顾气候变化减缓和适应领域，遴选绿色低碳产品，帮助发展中国家应对气候变化。中国围绕绿色低碳发展、低碳产业与技术、气候投融资、适应气候变化、气象灾害监测与预防等主题，精心策划52期能力建设培训班，培训了120个发展中国家约2300名应对气候变化领域的官员和技术人员，通过课堂学习、参观考察、互动交流等方式帮助学员全面系统了解中国应对气候变化的政策与行动，帮助相关国家提高应对气候变化能力。

加强与国际组织合作。推动绿色气候基金（GCF）和全球环境基金（GEF）加大对发展中国家绿色低碳发展支持力度。推动世界银行、亚洲开发银行、亚洲基础设施投资银行、新开发银行等多边开发机构加大资金动员力度，平衡支持发展中国家应对气候变化，实现可持续发展。与联合国儿童基金会共同实施南南合作低碳社区建设等面向儿童和青少年的气候变化领域合作项目。与全球适应中心、德国国际合作机构等国际组织开展适应气候变化国际合作，持续推进中新天津生态城、中瑞零碳建筑项目合作。

四、有力推进全球生物多样性治理

生物多样性使地球充满生机，也是人类生存和发展的基础。保护生物多样性有助于维护地球家园，促进人类可持续发展。习近平总书记指出："'山积而高，泽积而长。'加强生物多样性保护、推进全球环境治理需要各方持续坚韧努力。"中国积极开展生物多样性保护国际合作，广泛协商、凝聚共识，为推进全球生物多样性保护贡献中国智慧。

（一）推动生物多样性保护全球治理进程

中国长期以来用实际行动积极推动全球生物多样性治理进程，为推动实现全球生物多样性保护目标作出中国贡献。中国作为联合国《生物多样性公约》第十五次缔约方大会（COP15）主席国，在国际社会的大力支持和共同努力下，推动达成了一揽子具有里程碑意义的成果，为全球生物多样性治理擘画了蓝图、确定了目标、明确了路径、凝聚了力量，将引领全球生物多样性走上恢复之路，并惠益全人类和子孙后代。

习近平总书记亲自推动、亲切关怀，两次视频出席会议活动并致辞，给予各方极大的政治信心和鼓舞。2021年10月，在COP15第一阶段会议上，习近平总书记宣布中国率先出资15亿元成立昆明生物多样性基金，正式设立第一批国家公园，出台碳达峰、碳中和"1+N"政策体系等一系列东道国举措，展示了中国的决心与行动，对国际社会起到了示范引领作用。2022年12月，在COP15第二阶段会议上，习近平总书记以视频方式向高级别会议开幕式致辞，为会议成功注入强大政治推动力。在致辞中，习近平总书记对生物多样性保护提出了四点中国主张并阐述了中国行动方案，为未来全球生物多样性治理指明方向。

习近平主席对生物多样性保护提出了四点中国主张

2022 年 12 月，国家主席习近平以视频方式向在加拿大蒙特利尔举行的《生物多样性公约》COP15 第二阶段高级别会议开幕式致辞并提出生物多样性保护的四点中国主张，要凝聚生物多样性保护全球共识，共同推动制定"2020 年后全球生物多样性框架"，为全球生物多样性保护设定目标、明确路径；要推进生物多样性保护全球进程，将雄心转化为行动，支持发展中国家提升能力，协同应对气候变化、生物多样性丧失等全球性挑战；要通过生物多样性保护推动绿色发展，加快推动发展方式和生活方式绿色转型，以全球发展倡议为引领，给各国人民带来更多实惠；要维护公平合理的生物多样性保护全球秩序，坚定捍卫真正的多边主义，坚定支持以联合国为核心的国际体系和以国际法为基础的国际秩序，形成保护地球家园的强大合力。

COP15 第一阶段会议上通过了《昆明宣言》，为"2020 年后全球生物多样性框架"的磋商提供了政治指引，体现了各国采取行动，扭转当前生物多样性丧失的趋势，并确保最迟在 2030 年使生物多样性走上恢复之路的决心和意愿，为全球环境治理注入新的动力。

在 COP15 第二阶段会议期间，近 40 个缔约方、利益攸关方宣布了一系列重大行动与承诺；通过 62 项决定，特别是达成了历史性的成果文件——"昆明—蒙特利尔全球生物多样性框架"（以下简称"昆蒙框架"），为全球生物多样性治理擘画了新蓝图。大会通过的包括"昆蒙框架"在内的一揽子决定，历史性地确定了"3030"目标，历史性地决定设立全球生物多样性框架基金，历史性地纳入了遗传资源数字序列信息（DSI）的落地路径，历史性地描绘了 2050 年"人与自然和谐共生"的美好愿景，并明确了发达国家流向发展中国家的国际生物多样性资金，既强调目标可及，又要求加强资源调动、能力建设和技术转让、知识传播等基础配套保障，是一组富有雄心、平衡、务实、有效、强有力且具变革性的解决方案，得到国际社会广泛赞誉。

（二）积极履行全球生物多样性国际公约

中国积极履行《生物多样性公约》及其议定书，促进相关公约协同增效，展现了大国担当，在全球生物多样性保护和治理进程中发挥了重要作用。

积极履行《生物多样性公约》及其议定书。自 1992 年以来，中国坚定支持生物多样性多边治理体系，采取一系列政策和措施，切实履行公约义务。作为公约及其议定书的缔约方，中国按时高质量提交国家报告，2019 年 7 月提交了《中国履行〈生物多样性公约〉第六次国家报告》，同年 10 月提交了《中国履行〈卡塔赫纳生物安全议定书〉第四次国家报告》。中国是《生物多样性公约》及其议定书核心预算的最大捐助国，有力支持了《生物多样性公约》的运作和执行。近年来，中国持续加大对全球环境基金捐资力度，作为全球环境基金最大的发展中国家捐资国，有力地支持了全球生物多样性保护。

促进生物多样性相关公约协同增效。生物多样性与其他生态环境问题联系密切，中国支持协同打造更牢固的全球生态安全屏障，构筑尊重自然的生态系统，协同推动《生物多样性公约》与其他国际公约共同发挥作用。中国持续推进《濒危野生动植物种国际贸易公约》《联合国气候变化框架公约》《联合国防治荒漠化公约》《关于特别是作为水禽栖息地的国际重要湿地公约》《联合国森林文书》等进程，与相关国际机构合作建立国际荒漠化防治知识管理中心，与新西兰共同牵头组织"基于自然的解决方案"领域工作，并将其作为应对气候变化、生物多样性丧失的协同解决方案。

履约工作取得明显成效。中国为推动实现 2020 年全球生物多样性保护目标和联合国 2030 年可持续发展目标作出积极贡献。自发布《中国生物多样性保护战略与行动计划（2011—2030 年）》以来，中国通过完善法律法规和体制机制、加强就地和迁地保护、推动公众参与、深化国际合作等政策措施，有力推动改善了生态环境。其中，设立陆地自然保护区、恢复和保障重要生态系统服务、增加生态系统的复原力和碳储量 3 项目标超额完成，生物多样性主流化、可持续管理农林渔业、可持续生产和消费等 13 项目标取得良好进展。

（三）增进生物多样性保护国际交流合作

中国坚持多边主义，注重广泛开展双多边合作交流，推动知识、信息、科技交流和成果共享，为推动实现全球生物多样性保护目标作出中国贡献。积极参加联合国生物多样性峰会、领导人气候峰会等国际会议及活动，为保护生物多样性、促进可持续发展注入动力。组织召开"2020年后全球生物多样性展望：共建地球生命共同体"部长级在线圆桌会，共商2020年后生物多样性全球治理。中法两国共同发布《中法生物多样性保护和气候变化北京倡议》。与俄罗斯、日本等国家展开候鸟保护的长期合作。与俄罗斯、蒙古国、老挝、越南等国家合作，建立跨境自然保护地和生态廊道，其中，中俄跨境自然保护区内物种数量持续增长，野生东北虎开始在中俄保护地间自由迁移；中老跨境生物多样性联合保护区面积达20万公顷，有效保护亚洲象等珍稀濒危物种及其栖息地。中国还与德国、英国、南非等分别建立双边合作机制，就生物多样性和生态系统服务、气候变化和生物安全等领域开展广泛的合作与交流，与日本、韩国建立中日韩三国生物多样性政策对话机制。

五、绿色"一带一路"行稳致远

共建"一带一路"倡议提出以来，中国与共建国家、国际组织积极建立绿色低碳发展合作机制，携手推动绿色发展、共同应对气候变化，绿色丝绸之路建设取得积极成效，绿色发展理念不断深入，国际合作平台不断完善，务实合作举措不断深化，绿色成为共建"一带一路"的鲜明底色。

（一）完善顶层设计和多边合作平台

自2013年共建"一带一路"倡议提出以来，中国始终秉持人类命运共同体理念，不断完善绿色丝绸之路顶层设计，积极搭建绿色发展多边合作平台，持续推动提升"一带一路"绿色发展水平。

中国不断加强绿色丝绸之路顶层设计，先后发布了《"一带一路"生态环境保护合作规划》《关于推进绿色"一带一路"建设的指导意见》《对外投资合作绿色发展工作指引》《对外投资合作建设项目生态环境保护指南》《关于推进共建"一带一路"绿色发展的意见》等文件，明确了绿色丝绸之路建设的总体思路、具体规划目标与重点任务，提出了当前和今后一段时期推进绿色丝绸之路建设的时间表和路线图；发布了《关于加强"一带一路"境外项目环境管理工作的意见》《对外投资合作绿色发展工作指引》《对外投资合作建设项目生态环境保护指南》等文件，指导"一带一路"建设境外项目加强生态环境管理。

截至 2023 年底，中国已与 150 多个国家和 30 多个国际组织签署了 200 多份共建"一带一路"合作文件，共建绿色丝绸之路是其中的重要内容。会同 31 国发起《"一带一路"绿色发展伙伴关系倡议》，与来自 21 个国家的政府与环境主管部门、国际组织等发起《"一带一路"绿色发展北京倡议》，发出携手推动各国绿色低碳发展的积极信号。与中外合作伙伴共同发起成立"一带一路"绿色发展国际联盟、"一带一路"能源合作伙伴关系、"一带一路"可持续城市联盟，搭建务实合作领域专业平台。建设"一带一路"生态环保大数据服务平台、"一带一路"环境技术交流与转移中心（深圳），推动绿色低碳信息共享和绿色产业技术交流转移。实施绿色丝路使者计划，推动绿色发展能力建设。

"一带一路"绿色发展国际联盟

"一带一路"绿色发展国际联盟（以下简称"绿色联盟"）由中外合作伙伴于 2019 年共同发起成立，是首个在绿色丝绸之路框架下的国际性社会团体，为推动共建国家绿色低碳转型、携手实现联合国 2030 年可持续发展议程、共建人与自然生命共同体搭建了机制性的、国际性的多边合作平台。

截至 2023 年底，绿色联盟已有来自 43 个国家的 150 多家合作伙伴，包括共建国家环境主管部门、国际组织、社会团体、科研机构、企业、智库等。成立"一带一路"绿色发展国际研究院，举办"一带一路"绿色创新大会等近百场高级别对话和主题活动，发布《"一带一路"项目绿色发展指南》等 30 余份政策研究报告，发起绿色发展投融资合作伙伴关系，与"一带一路"媒体传播联盟共同启动《绿色丝路行》国际传播活动，持续推动"一带一路"绿色发展国际共识和共同行动。

（二）稳步推进绿色共建项目

中国与各方深化绿色基建、绿色能源、气候变化等领域务实合作，努力建设资源节约、绿色低碳的丝绸之路。中国充分发挥在可再生能源、节能环保、清洁生产等领域的优势，运用中国技术、产品、经验等，推动绿色"一带一路"合作蓬勃发展。

生态环境保护和治理一直是共建"一带一路"的重要内容。在中国承建的秘鲁大型综合化港口项目中，野生动物保护站融合在建设工地中；在安哥拉，国家主电网依托中国的先进输变电和数字化技术，实现更为清洁和自主的运维；中国企业承建的斯瓦克大坝项目，是肯尼亚实现 2030 年远景发展规划和"四大发展目标"的旗舰项目。项目建成后可缓解 130 多万人的生活用水和灌溉问题，改进土壤耕作条件，缓解食物短缺问题。一系列绿色基建、绿色能源、绿色金融等重点领域合作如火如荼开展，在支持发展中国家绿色低碳发展，引导中资企业在对外投资合作中走向绿色发展道路的同时，与共建国家分享中国绿色发展理念和协同推进降碳、减污、扩绿、增长的绿色解决方案，推动更多"一带一路"绿色项目的落地实施。

中国积极开展气候变化领域援助项目。中国实施"一带一路"应对气候变化南南合作计划，推动低碳示范区建设，创新性设计减缓和适应气候变化项目，丰富能力建设形式和内容，继续为全球气候治理贡献中国力量。中国实施莫桑比克应对伊代热带气旋灾后重建、多米尼克飓风房屋重建、尼泊尔灾后重建等项目。向马达加斯加提供 800 万元人民币人道主义援助用于应对飓风灾害，向哥斯达黎加、巴拿马、古巴、乌拉圭等国赠送应对气候变化物资，设立中国—加勒比防灾减灾资金，建立中国—太平洋岛国防灾减灾合作中心。向基里巴斯援助 5000 套户用光伏发电系统和 300 吨筑海堤用水泥，为基方人民解决用电问题和海水侵蚀问题提供帮助；向博茨瓦纳援助一套多星一体化卫星数据移动接收处理应用系统（气象机动站），为博方开展环境监测、农业生产、极端气候灾害预防等方面提供支持；向哥斯达黎加援助 6 辆电动公交车，为哥方交通运输行业绿色低碳转型发展提供助力。

（三）强化生态环境保护能力建设

中国努力为发展中国家搭建凝聚共识的平台，提供技术和能力建设等方面支持，展现出推动构建人类命运共同体的责任与担当。

中国积极开展联合研究，与东盟国家合作开发和实施"生物多样性与生态系统保护合作计划""大湄公河次区域核心环境项目与生物多样性保护走廊计划"等项目，在生物多样性保护、廊道规划和管理以及社区生计改善等方面取得丰硕成果。与埃塞俄比亚、巴基斯坦、智利等国家开展减缓和适应气候变化项目，与东盟国家共同开展中国—东盟红树林研究、低碳学校（社区）建设。中国在"南南合作"框架下积极为发展中国家保护生物多样性提供支持，全球 80 多个国家受益。建立澜沧江—湄公河环境合作中心，定期举行澜沧江—湄公河环境合作圆桌对话，围绕生态系统管理、生物多样性保护等议题进行交流。

中国积极开展能力建设培训，实施"一带一路"应对气候变化南南合作计划，为近百个共建"一带一路"国家培训千余名应对气候变化领域的专家学者和技术人员，帮助共建"一带一路"国家提升应对气候变化能力。实施绿色丝路使者计划，为近 120 个发展中国家培训了 3000 余名生态环保和应对气候变化领域的官员、大学青年、研究学者以及技术人员，分享生态文明理念与实践，得到参与国、国际机构和组织以及社会各界的广泛认同，被联合国环境规划署誉为"南南合作典范"。围绕水资源管理、水旱灾害防御等为共建"一带一路"国家开展 10 多个线上援外培训班，培训 2000 余人。

六、共建地球生命共同体

共建地球生命共同体为全球环境治理提供了一个具有高度开放性、包容性和实践性的理念，是实现人类可持续发展的必然选择。习近平总书记提出："人类是命运共同体，唯有团结合作，才能有效应对全球性挑战。生态兴则文明兴。我们应该携手努力，共同推进人与自然和谐共生，共建地球生命共同体，共建清洁美丽世界。"新征程上，中国将在行动力度上更加主动深化，在工作领域、目标导向上更加具体明确，更加建设性地参与和引领全球环境和气候治理，主动接轨国际，融入全球绿色发展，服务营造良好的外部环境，创造新的绿色竞争优势，共建清洁美丽世界，推动构建人类命运共同体，助力建设人与自然和谐共生的现代化。

（一）加强生态环境国际交流合作

秉承命运共同体理念，加强双多边合作，推进绿色低碳转型，让绿色发展理念深入人心、全球生态文明之路行稳致远。

坚持统筹推进，加强双多边区域环保国际合作。中国将坚持务实合作、开放包容原则，积极参与联合国、金砖国家、上海合作组织、二十国集团、中欧、中国—中东欧国家、亚太经合组织、东盟和中日韩、西北太平洋、东亚海等机制框架下区域次区域合作，以全球低碳创新和绿色标准体系为内容，促进规章制度接轨国际先进通行标准，加快引进先进实用技术，全面提高产业链、供应链、价值链绿色化水平，促进实现国内降碳、减污、扩绿、增长协同推进。做好中欧环境与气候高层对话相关工作，积极开展双多边交流。

用好高端智库，深入开展生态文明领域的交流合作。继续发挥中国环境与发展国际合作委员会等高端智库作用，围绕中国和全球环境与发展领域重大问题开展深入研究，提出高质量政策建议。用国际社会能理解、易接受的概念讲好生态文明建设的中国故事，大力宣介习近平生态文明思想，传播"绿水青山就是金山银山""地球生命共同体"等生态文明理念，展现中国在全球生态文明建设方面发挥的积极作用，彰显中国负责任大国形象。

中国环境与发展国际合作委员会

中国环境与发展国际合作委员会（简称"国合会"）成立于 1992 年，是经中国政府批准的非营利、国际性高层政策咨询机构。自成立以来，国合会已成为我国环境与发展领域的重要国际窗口。

迄今为止，国合会已开展上百个研究项目，千余位中外专家参与研究工作，提出几百项政策建议，涉及环境与发展的诸多方面。国合会实施的研究项目针对中国和世界的热点环境问题，提出了前瞻性、战略性、预警性政策建议，对中国环境与发展进程产生了深刻影响，同时也向世界展示了中国绿色转型经验与实践，实现了国际先进理念和中国绿色发展实践双向互动。

加强南南合作，推动全球可持续发展。加强中国—东盟、澜沧江—湄公河、中非等机制框架下生态环境合作与交流，推动环保产业和技术合作，以及相关成果分享，提升发展中国家绿色发展能力，共同推动世界经济动力转换和方式转变，实现更加强劲、绿色、健康的全球可持续发展，推动共建清洁美丽世界。

（二）认真履行国际环境公约

坚持以多边环境规则为抓手，实现中国在全球环境治理体系中从"推动"到"引领"的角色转变。以更高质量、更深层次地参与国际规则制定来诠释更高水平对外开放，在生态环境领域发挥引领作用。

继续发挥好 COP15 主席国作用。中国继续履行好 COP15 主席国职责，全面落实"昆明—蒙特利尔全球生物多样性框架"，引领全球生物多样性保护进程，协调关键方，推动大会通过的设立全球生物多样性框架基金、建立遗传资源数字序列信息惠益分享多边机制等相关决定得到全面落实，确保"昆蒙框架"不再重蹈"爱知目标"覆辙，成为全球环境治理的一个标杆。

认真履行国际环境公约。中国组织参加《关于消耗臭氧层物质的蒙特利尔议定书》《控制危险废料越境转移及其处置巴塞尔公约》《关于在国际贸易中对某些危险化学品和农药采用事先知情同意程序的鹿特丹公约》《关于持久性有机污染物的斯德哥尔摩公约》《关于汞的水俣公约》等国际环境公约谈判，稳步推动相关公约修正案批约程序，并推动相关国际公约协同增效。

更具建设性地参与新的国际规则制度制定。中国将更高质量、更深层次地加强与联合国环境规划署等国际组织合作，做好塑料污染国际文书政府间谈判等相关工作，为推进全球塑料污染防治作出贡献。

（三）深度参与全球气候治理

中国将继续认真履行《联合国气候变化框架公约》及其《巴黎协定》，以更加积极姿态参与全球气候谈判议程和国际规则制定，推动构建公平合理、合作共赢的全球气候治理体系。

认真履行《联合国气候变化框架公约》及其《巴黎协定》。中国将坚持联合国主渠道地位，以共同但有区别的责任原则为基石，以国际法为基础，以有效行动为导向，强化自身行动，提升合作水平，认真履行《联合国气候变化框架公约》及其《巴黎协定》义务，如期实现提交给公约秘书处的自主贡献目标。

积极建设性参与气候变化多边进程。中国将坚定支持发展中国家合理诉求，与其他发展中国家保持一致、与所属的"77国集团和中国""立场相近发展中国家""基础四国"紧密配合、共同发声；同时加强与发达国家沟通，积极为解决难点问题提供建设性的搭桥方案，共同促进公平正义，敦促发达国家兑现气候资金出资承诺，推动落实阿联酋全球气候韧性框架，充分发挥新建立的损失与损害基金作用；积极与相关国际组织、国际机构开展气候变化对话交流与务实合作。

继续开展应对气候变化南南合作。继续落实好应对气候变化南南合作"十百千"项目（在发展中国家开展10个低碳示范区、100个减缓和适应气候变化项目及1000个应对气候变化培训名额的合作项目），尽己所能帮助发展中国家特别是小岛屿国家、非洲国家和最不发达国家提高应对气候变化能力，推动和实现共同发展。

（四）推动绿色丝绸之路建设

中国将不断完善绿色丝绸之路政策体系，建立绿色发展伙伴关

系，深化能源绿色低碳领域务实合作，支持共建国家生态环保能力提
升，为全球可持续发展提供有力支持和蓬勃动力。

依托合作平台，推进共建国家绿色低碳发展。依托"一带一路"
绿色发展国际联盟等多边合作平台，举办"一带一路"绿色创新大会、
"一带一路"绿色发展圆桌会等高级别对话和主题活动，搭建绿色发
展投融资合作伙伴关系、绿色低碳专家网络等绿色低碳合作平台，凝
聚"一带一路"绿色发展国际共识，帮助共建国家政府、金融机构、
企业等各相关方对接合作需求，挖掘合作潜能，凝聚合作共识，推动
共建国家实现绿色低碳和可持续发展。

践行绿色理念，加强共建国家重点领域技术支撑。推进重点领域
相关绿色标准、绿色技术指南的发布和实施，推动开展示范国家与示
范项目合作和技术支撑。依托"一带一路"生态环保大数据服务平台
和"一带一路"环境技术交流与转移中心（深圳），推动实现与共建
国家信息共享、知识共享、惠益共享，强化绿色低碳技术以及产品与
知识信息服务，加快先进适用环保技术双向流动，引导优质环保产业
资源开拓共建国家市场，为共建国家应对环境气候挑战提供积极有效
支持。

发挥示范效应，增强共建国家绿色发展能力。推动绿色项目落地
实施，为共建国家提供更多"小而美"、可复制的绿色解决方案，切
实提升共建国家人民的获得感与幸福感，为绿色"一带一路"合作凝
心聚气。启动实施"一带一路"生态环保人才互通计划，深入实施绿
色丝路使者计划、"一带一路"应对气候变化南南合作计划，增进生
态环境管理人员和专业技术人才交流互鉴，帮助共建国家提升环境管
理与应对气候变化能力和水平。

第十章 坚持和加强党对生态文明建设的全面领导

> 建设美丽中国是全面建设社会主义现代化国家的重要目标，必须坚持和加强党的全面领导。
>
> ——2023 年 7 月 18 日，习近平总书记在全国生态环境保护大会上的讲话

办好中国的事情，关键在党。中国共产党领导是中国特色社会主义制度的最大优势，是党和国家的根本所在、命脉所在，是全国各族人民的利益所系、命运所系。生态文明建设是统筹推进中国特色社会主义事业"五位一体"总体布局和协调推进"四个全面"战略布局的重要内容。建设美丽中国，必须坚持和加强党的全面领导，不断提高政治判断力、政治领悟力、政治执行力，心怀"国之大者"，把生态文明建设摆在全局工作的突出位置，确保党中央关于生态文明建设的各项决策部署落地见效。

一、党的领导是美丽中国建设的根本保证

坚持党对生态文明建设的全面领导，是我国生态文明建设的根本

保证。要全面加强党对生态文明建设的领导，把党的政治优势、组织优势、密切联系群众优势转化为生态文明建设的领导优势，引领与推进生态文明建设和生态环境保护。

（一）中国共产党领导是中国特色社会主义最本质的特征

党政军民学，东西南北中，党是领导一切的，是最高的政治领导力量。中国共产党是领导我们事业的核心力量，中国特色社会主义最本质的特征是中国共产党的领导。历史和现实都证明，没有中国共产党，就没有新中国，就没有中华民族伟大复兴。治理好我们这个世界上人口最多的国家，必须坚持党的全面领导特别是党中央集中统一领导。正如习近平总书记强调指出："正是因为始终坚持党的集中统一领导，我们才能实现伟大历史转折、开启改革开放新时期和中华民族伟大复兴新征程，才能成功应对一系列重大风险挑战、克服无数艰难险阻。"必须坚持和加强党的全面领导，坚决维护党的核心和党中央权威，充分发挥党的领导的政治优势，全面推进美丽中国建设。

（二）生态环境是重大政治问题

生态环境是关系党的使命宗旨的重大政治问题，也是关系民生的重大社会问题。习近平总书记指出，我们不能把加强生态文明建设、加强生态环境保护、提倡绿色低碳生活方式等仅仅作为经济问题，这里面有很大的政治。中国共产党带领人民建设我们的国家，创造更加幸福美好的生活，秉持的一个理念就是搞好生态文明。生态文明建设做好了，对中国特色社会主义是加分项。良好生态环境是最普惠的民生福祉，是满足人民日益增长美好生活需要的重要方面。改善民生就是最大的讲政治，必须牢记党的使命宗旨，坚持以人民为中心的发展思想，坚持生态惠民、生态利民、生态为民，重点解决损害群众健康的突出环境问题，加快改善生态环境质量，提供更多优质生态产品，让老百姓呼吸上新鲜的空气、喝上干净的水、吃上放心的食物、生活在宜居的环境中。

（三）建设美丽中国必须发挥党总揽全局、协调各方的重要作用

中国共产党是中国特色社会主义事业的领导核心，处在总揽全局、协调各方的地位。生态文明建设是统筹推进中国特色社会主义事业"五位一体"总体布局和协调推进"四个全面"战略布局的重要内容。建设美丽中国涉及经济、社会、生态环境、科技、文化等各个部门各个领域，事关整个经济社会发展全局。只有加强党对生态文明建设的全面领导，充分发挥党的强大号召力和感召力，才能形成党委领导，政府主导，企业主体、公众和社会组织共同参与的工作格局，才能广泛动员全民参与生态文明建设，形成人人、事事、时时、处处崇尚生态文明的良好社会氛围。

二、党对生态文明建设的领导不断加强

进入新时代，以习近平同志为核心的党中央加强对生态文明建设的全面领导，从思想、法律、体制、组织、作风上全面发力，全方位、全地域、全过程加强生态环境保护，推动生态文明建设取得举世瞩目的巨大成就。

（一）坚持把生态文明建设摆在全局工作的突出位置

我们党高度重视生态环境保护，把节约资源和保护环境确立为基本国策，把可持续发展确立为国家战略。党的十八大以来，以习近平同志为核心的党中央把生态文明建设摆在全局工作的突出位置，作出一系列重大战略部署。在"五位一体"总体布局中，生态文明建设是其中一位；在新时代坚持和发展中国特色社会主义的基本方略中，坚持人与自然和谐共生是其中一条；在新发展理念中，绿色是其中一项；在三大攻坚战中，污染防治是其中一战；在到本世纪中叶建成社会主义现代化强国目标中，美丽中国是其中一个。

党的十八大把生态文明建设纳入中国特色社会主义事业"五位一体"总体布局，将"中国共产党领导人民建设社会主义生态文明"写入党章，明确提出大力推进生态文明建设，努力建设美丽中国，实现中华民族永续发展。党的十九大又在党章中增加了"增强绿水青山就是金山银山的意识"内容，2018年3月通过的宪法修正案将生态文明写入宪法，实现了党的主张、国家意志、人民意愿的高度统一。党的二十大将推动建设清洁美丽世界写入党章，充分彰显了生态文明建设在党和国家事业中的重要地位，表明了我们党加强生态文明建设的坚定意志和坚强决心。

（二）严格实行党政同责、一岗双责

党的十八大以来，"党政同责、一岗双责"理念被引入生态环境保护领域并不断深化。2015年，习近平总书记在主持中央全面深化改革领导小组第十四次会议时强调，要强化环境保护"党政同责"和"一岗双责"的要求，对问题突出的地方追究有关单位和个人责任。《党政领导干部生态环境损害责任追究办法（试行）》第三条规定，地方各级党委和政府对本地区生态环境和资源保护负总责，党委和政府主要领导成员承担主要责任，其他有关领导成员在职责范围内承担相应责任。《中共中央国务院关于全面加强生态环境保护 坚决打好污染防治攻坚战的意见》提出，地方各级党委和政府对本行政区域的生态文明建设及生态环境质量负总责。《中央生态环境保护督察工作规定》第十五条将"生态环境保护党政同责、一岗双责推进落实情况和长效机制建设情况"纳入中央生态环境保护例行督察的内容。

2023年7月，习近平总书记在全国生态环境保护大会上发表重要讲话，在加强党对生态文明建设的全面领导部分中强调要继续发挥中央生态环境保护督察利剑作用；2023年12月，党中央、国务院印发《关于全面推进美丽中国建设的意见》，在加强党的全面领导中指出要研究制定生态环境保护督察工作条例，充分发挥中央生态环境保护督察工作领导小组统筹协调和指导督促作用。党通过制定责任清单、考核办法、考核措施等方式，印发实施《生态文明建设目标评价考核办法》《关于改进地方党政领导班子和领导干部政绩考核工作的通知》，推动落实领导干部任期生态文明建设责任制，实行自然资源资产离任审计，进一步强化了从国家层面到地方层面的生态环境保护责任。

国务院每年向全国人大常委会报告环境状况和环境保护目标完成情况。全国人大常委会立足人大职能定位，加强立法监督，共制定修改生态环境保护法律30余部、行政法规100多件、地方性法规1000余件，围绕生态环境领域工作情况开展专题问询，不断加大执法检查的力度。全国政协发挥人民政协民主监督的独特优势和重要作用，深入开展生态文明建设和生态环境保护专题调研，推动政协协商成果转化为推进生态文明建设的思路、政策、措施。中办、国办制定中央和国家机关相关部门生态环境保护责任清单，明确中央和国家机关各部门生态环境保护责任，形成明确清晰、环环相扣的"责任链"。各地县级以上人民政府认真实施环境报告制度，依法接受人大监督。各地各部门强化生态文明领域作风建设，加快打造政治强、本领高、作风硬、敢担当，特别能吃苦、特别能战斗、特别能奉献的生态环境保护铁军。

多措并举抓作风，以政治清明促生态文明

党的十八大以来，生态环境部以推进落实"两个责任"为重点，以重点工作为突破口，以强化监督为根本，以专项治理为抓手，深入落实全面从严治党要求，营造良好的政治生态。

印发《中共生态环境部党组、党组书记和领导班子其他成员落实全面从严治党责任清单》，每年召开全国生态环境系统全面从严治党工作会议，加强全面从严治党责任落实；部机关原有的26项监督检查核减为中央生态环保督察、统筹强化监督两项，切实为基层减负；印发《关于进一步深化权力运行监督制约机制建设的通知》《生态环境部系统纪检组织开展日常监督工作办法（试行）》，进一步健全对权力运

行的监督制约；在全国生态环境系统开展"以案为鉴，营造良好政治生态"专项治理，以政治清明促生态文明氛围逐步形成。

（三）持续完善生态文明领域统筹协调机制

党的十九届五中全会《建议》提出，完善生态文明领域统筹协调机制。这为提升生态文明建设和生态环境治理系统性、整体性、协同性提供了制度保障和实践路径。

发挥中央生态文明领域议事协调机制作用。中央全面深化改革委员会推动了生态文明建设工作顶层设计、总体布局、统筹协调、整体推进、督促落实的领导体制和决策机制创新。党的十八大以来，中央共审议通过近50项生态环境保护和生态文明建设领域的文件，指导在生态文明建设各领域中处理好全局和局部、当前和长远、宏观和微观的关系。同时，在应对气候变化方面，成立由国务院总理任组长，30个相关部委为成员的国家应对气候变化及节能减排工作领导小组，各省（区、市）均成立了省级应对气候变化及节能减排工作领导小组，不断加强应对气候变化统筹协调。在保护生物多样性方面，成立由国务院分管生态环境工作的领导同志担任召集人，13个成员单位组成的国务院加强生物多样性保护工作协调机制，统筹推进生物多样性保护工作。在推进中央生态环境保护督察工作方面，成立中央生态环境保护督察工作领导小组，负责组织协调推动中央生态环境保护督察工作，领导小组组长、副组长由党中央、国务院研究确定，组成部门包括中央办公厅、中央组织部、中央宣传部、国务院办公厅、司法部、生态环境部、审计署和最高人民检察院等，并在生态环境部设立中央生态环境保护督察协调局。

地方各级党委和政府统筹本地区生态文明建设取得积极进展。按照中央改革要求，生态环境部指导各地建立健全生态环境保护统筹协调机制。各地探索成立省级、市级、县（区）级生态文明建设委员会、生态环境保护委员会，有效汇聚生态环境保护合力，逐渐形成上下高效联动的生态文明建设推进体系。例如北京市组建市委书记任主任的市委生态文明建设委员会，以党内法规形式出台生态环保工作规定和实施办法，建立"纵向到底、横向到边"的责任体系。泰州市高规格组建生态文明建设委员会，构建"两办八专委"工作架构，市(区)生态文明建设委员会同步建立，并推行村级"双委员"负责制。

（四）不断深化生态文明体制改革

生态文明建设职能机构更加优化。2018 年党中央出台《深化党和国家机构改革方案》，决定组建生态环境部，主要负责拟订并组织实施生态环境政策、规划和标准，统一负责生态环境监测和执法工作，监督管理污染防治、核与辐射安全，组织开展中央生态环境保护督察等。组建自然资源部，主要负责对自然资源开发利用和保护进行监管，建立空间规划体系并监督实施，履行全民所有各类自然资源资产所有者职责，统一调查和确权登记，建立自然资源有偿使用制度，负责测绘和地质勘查行业管理等。组建国家林业和草原局，监督管理森林、草原、湿地、荒漠和陆生野生动植物资源开发利用和保护，组织生态保护和修复，开展造林绿化工作，管理国家公园等各类自然保护地等。深化行政执法体制改革，整合组建生态环境保护综合执法队

伍，整合环境保护和国土、农业、水利、海洋等部门相关污染防治和
生态保护执法职责、队伍，统一实行生态环境保护执法，由生态环境
部指导。党中央一系列改革措施，推动部门间职责关系更加顺畅，确
保党对生态文明建设的领导全覆盖，使党的领导更加坚强有力。

省以下环保机构监测监察执法垂直管理制度改革深入推进。党的
十八大以来，我国积极探索破解习近平总书记指出的地方环保管理体
制"4个突出问题"的有效途径，中办、国办于2016年9月印发《关
于省以下环保机构监测监察执法垂直管理制度改革试点工作的指导意
见》，在河北、山东、重庆等11省（市）启动改革试点，探索形成一
批可复制、可推广的经验、模式、做法，并于2018年在全国全面推
开。2020年底，基本完成环保垂改各项目标任务，改革整体进展顺利。

生态环境管理体制机制改革取得积极成效。整合相关部门生态环
境保护职责，在污染防治上改变"九龙治水"状况，为打好污染防治
攻坚战提供支撑；在生态保护修复上强化统一监管，坚决守住生态保
护红线。打通地上和地下、岸上和水里、陆地和海洋、城市和农村、
一氧化碳和二氧化碳，贯通污染防治和生态保护。强化了政策规划标
准制定、监测评估、监督执法、督察问责"四个统一"职责。在整合
有关部门流域海域生态环境机构编制资源基础上，设立流域海域生态
环境监管机构，初步构建流域海域生态环境监管体系。

三、持续提高党领导生态文明建设的能力水平

习近平总书记在党的二十大报告中提出："坚决维护党中央权威和
集中统一领导，把党的领导落实到党和国家事业各领域各方面各环节，

使党始终成为风雨来袭时全体人民最可靠的主心骨，确保我国社会主义现代化建设正确方向，确保拥有团结奋斗的强大政治凝聚力、发展自信心，集聚起万众一心、共克时艰的磅礴力量。"美丽中国建设是一项长期艰巨的重大战略任务，必须充分发挥党的领导的政治优势，增强党政领导干部贯彻新发展理念、推进生态文明建设的能力和水平。

（一）坚决扛起美丽中国建设的政治责任

深入学习宣传贯彻习近平生态文明思想，切实做到学思用贯通、知信行统一，不断增强学习宣传贯彻的政治自觉、思想自觉、行动自觉，勇做习近平生态文明思想的坚定信仰者、积极传播者、忠实实践者。深刻领悟"两个确立"的决定性意义，不断增强"四个意识"、坚定"四个自信"、做到"两个维护"，不断提高政治判断力、政治领悟力、政治执行力，牢记"国之大者"，保持加强生态文明建设的政治定力和战略定力，紧紧围绕党中央决策部署，切实把生态文明建设责任扛在肩上，大力推进美丽中国建设。

（二）落实领导干部生态文明建设责任制

严格实行生态环境保护党政同责、一岗双责不动摇，研究制定地方党政领导干部生态环境保护责任制，建立覆盖全面、权责一致、奖惩分明、环环相扣的责任体系。充分发挥中央生态环境保护督察工作领导小组统筹协调和指导督促作用，健全工作机制，加强组织实施。深入推进中央生态环境保护督察，将美丽中国建设情况作为督察重点。相关部门认真落实生态文明建设责任清单，强化分工负责，加强协调联动，形成齐抓共管的强大合力。各级人大及其常委会加强生态文明保护法治建设和法律实施监督，各级政协加大生态文明建设专题协商和民主监督力度。

（三）健全科学合理的考核评价体系

科学合理的考核评价体系是压实生态文明建设政治责任的重要举措。健全科学合理的考核评价体系，充分发挥考核"指挥棒"作用。中办、国办印发《省（自治区、直辖市）污染防治攻坚战成效考核措施》，对污染防治攻坚战成效考核工作进行全面部署，为全面加强生态环境保护、持续改善生态环境质量、推进美丽中国建设提供了强大政治保障。强化污染防治攻坚战成效考核结果运用，将考核结果作为对省级党委、人大、政府领导班子和领导干部综合考核评价、奖惩任免的重要依据。

（四）建设一支政治强、本领高、作风硬、敢担当的生态环境保护队伍

提高生态环境干部政治能力，自觉讲政治，对"国之大者"要心中有数，履行好职责，当好生态卫士。提高党员干部战略思维能力，把系统观念贯穿到生态保护和高质量发展全过程，不断提高生态环境治理专业水平，全力提升生态环境执法、监测、信息、科研等各方面能力。严格把好作风关、廉洁关，推动党建与业务深度融合，培养一支高素质干部队伍，攻坚克难、砥砺前行，不断解决问题、破解难题。各级党委和政府应关心、支持生态环境保护队伍建设，主动为他们排忧解难、撑腰打气，为推动生态文明和美丽中国建设提供坚强组织和作风保障。

参考文献

[1] 习近平:《推进生态文明建设需要处理好几个重大关系》,《求是》2023 年第 22 期。

[2] 习近平:《以美丽中国建设全面推进人与自然和谐共生的现代化》,《求是》2024 年第 1 期。

[3] 孙金龙:《为全球气候治理贡献中国智慧中国方案中国力量》,《当代世界》2022 年第 6 期。

[4] 孙金龙、黄润秋:《坚决扛起中央生态环境保护督察政治责任》,《环境保护》2022 年第 15 期。

[5] 孙金龙、黄润秋:《加强生物多样性保护 共建地球生命共同体》,《求是》2021 年第 21 期。

[6] 黄润秋:《深入学习贯彻党的二十大精神 奋进建设人与自然和谐共生现代化新征程》,《环境与可持续发展》2023 年第 2 期。

[7] 黄润秋:《引领全球生物多样性走向恢复之路》,《中国生态文明》2023 年第 Z1 期。

[8] 生态环境部:《准确把握新征程上推进生态文明建设需要处理好的重大关系》,《求是》2023 年第 22 期。

[9] 生态环境部:《加强生态环境科技创新 协同推进生态环境

高水平保护和经济高质量发展》,《环境与可持续发展》2023 年第 3 期。

[10] 财政部:《踔厉奋发　勇毅前行　财政助力谱写绿水青山新篇章》,《中国财政》2022 年第 20 期。

[11] 自然资源部:《全面推进人与自然和谐共生的现代化》,《求是》2023 年第 22 期。

[12] 关志鸥:《高质量推进国家公园建设》,《求是》2022 年第 3 期。

[13] 李伟:《发挥好人民政协专门协商机构作用　助力推进生态文明建设》,《旗帜》2020 年第 12 期。

[14] 王志斌:《加强自然生态保护监管促进人与自然和谐共生》,《环境与可持续发展》2023 年第 3 期。

[15] 周远波:《加强生态修复　建设美丽中国》,《中国自然资源报》2022 年 11 月 23 日。

[16] 赵群英:《忠诚担当　严格执法　贴心服务　不断为深入打好污染防治攻坚战作出积极贡献》,《环境与可持续发展》2023 年第 3 期。

[17] 徐必久:《深入推进中央生态环境保护督察　建设人与自然和谐共生的美丽中国》,《环境与可持续发展》2023 年第 3 期。

[18] 苏克敬:《深入打好净土保卫战　推动实现人与自然和谐共生的现代化》,《环境与可持续发展》2023 年第 3 期。

[19] 崔书红:《加强生物多样性保护实现人与自然和谐共生》,《环境与可持续发展》2021 年第 6 期。

[20] 郝春旭、董战峰、程翠云等:《国家环境经济政策进展评估报告 2022》,《中国环境管理》2023 年第 2 期。

[21] 刘永恒:《绘出美丽中国更新画卷——专访财政部自然资源和生态环境司司长郜进兴》,《中国财政》2023 年第 10 期。

[22]马俊、戴向前、周飞等:《数说我国城镇居民生活水价》,《水利发展研究》2022 年第 7 期。

[23] 陈明忠:《聚焦百姓愁盼 增进民生福祉 推动农村水利水电高质量发展》,《中国水利》2023 年第 24 期。

[24]刘啸、戴向前:《对深化农业水价综合改革的若干思考》,《水利发展研究》2023 年第 11 期。

[25] 习近平:《习近平谈治国理政》第 3 卷,外文出版社 2020 年版。

[26] 习近平:《高举中国特色社会主义伟大旗帜 为全面建设社会主义现代化国家而团结奋斗——在中国共产党第二十次全国代表大会上的报告》,人民出版社 2022 年版。

[27] 中共中央宣传部、中央国家安全委员会办公室:《习近平新时代中国特色社会主义思想学习纲要（2023 年版)》,学习出版社、人民出版社 2023 年版。

[28] 中共中央宣传部、中华人民共和国生态环境部编:《习近平生态文明思想学习纲要》,学习出版社、人民出版社 2022 年版。

[29]《党的十九大报告辅导读本》,人民出版社 2017 年版。

[30]《党的二十大报告辅导读本》,人民出版社 2022 年版。

[31] 国务院新闻办公室:《新时代的中国绿色发展》,人民出版社 2023 年版。

[32] 刘尚希、邢丽:《中国税收政策报告·2022—2023》,社会科学文献出版社 2023 年版。

[33] 习近平:《关于〈中共中央关于全面推进依法治国若干重大问题的决定〉的说明》,《人民日报》2014年2月28日。

[34] 生态环境部党组理论学习中心组:《美丽中国建设迈出重大步伐》,《人民日报》2021年12月8日。

[35] 孙金龙:《促进人与自然和谐共生》,《人民日报》2023年1月10日。

[36] 陆昊:《提升生态系统多样性、稳定性、持续性》,《人民日报》2023年1月12日。

[37]《为中国式现代化提供坚实资源支撑——写在第三十三个全国土地日之际》,《人民日报》2023年6月25日。

[38] 寇江泽:《完善生态保护补偿制度》,《人民日报》2023年7月24日。

[39] 吴秋余:《排污费改为环保税 "绿色税法" 助力治污攻坚》,《人民日报》2018年1月13日。

[40]《中国绿色贷款余额超30万亿元》,《人民日报(海外版)》2024年1月27日。

[41] 俞海:《完整准确深入学习领悟习近平生态文明思想核心要义》,《中国经济时报》2022年9月21日。

[42] 潘卓然:《碳排放权交易活跃度逐步提升》,《经济日报》2024年2月28日。

[43] 曹红艳:《环保产业迎来壮大新机遇 总体规模持续增长》,《经济日报》2022年6月9日。

[44] 曾金华:《横向生态补偿促上下游共赢》,《经济日报》2024年1月30日。

［45］李禾：《生态环保产业成绿色经济重要力量》，《科技日报》2023年9月6日。

［46］应腾：《打好"组合拳"全面推进美丽中国建设》，《光明日报》2023年9月14日。

［47］习近平继续出席二十国集团领导人第十六次峰会［EB/OL］.（2021-11-01）.https://www.gov.cn/xinwen/2021-11-01/content_5648075.htm。

［48］习近平在《生物多样性公约》第十五次缔约方大会第二阶段高级别会议开幕式上的致辞（全文）［R/OL］.（2022-12-16）.https://baijiahao.baidu.com/s?id=1752298298000351875&wfr=spider&for=pc。

［49］习近平主持召开中央全面深化改革委员会第三次会议强调：全面推进美丽中国建设　健全自然垄断环节监管体制机制［EB/OL］.（2023-11-07）.https://www.gov.cn/yaowen/liebiao/202311/content_6914056.htm。

［50］习近平：在全国生态环境保护大会上强调：全面推进美丽中国建设　加快推进人与自然和谐共生的现代化［EB/OL］.（2023-07-18）.http://www.news.cn/politics/leaders/2023-07-18/c_1129756336.htm。

［51］习近平：推进全面依法治国，发挥法治在国家治理体系和治理能力现代化中的积极作用［EB/OL］.（2020-11-15）.https://www.ccps.gov.cn/xxsxk/zyls/202011/t20201115_144847.shtml。

［52］全国人民代表大会常务委员会执法检查组关于检查《中华人民共和国环境保护法》实施情况的报告［EB/OL］.（2022-09-02）.http://www.npc.gov.cn/npc/c1773/c1849/c6680/hjbhfzfjc/hjbhfzfjc008/202209/t20220905_319171.html。

[53] 习近平主持中共中央政治局第三十六次集体学习并发表重要讲话节选 [EB/OL]．（2022-01-25）. https://www.gov.cn/xinwen/2022-01/25/content_5670359.htm。

[54] 中华人民共和国 2023 年国民经济和社会发展统计公报 [EB/OL]．（2024-02-29）. https://www.gov.cn/lianbo/bumen/202402/content_6934935.htm。

[55] 国务院印发《中国落实 2030 年可持续发展议程创新示范区建设方案》[EB/OL]．（2016-12-13）. https://www.gov.cn/xinwen/2016-12/13/content_5147505.htm。

[56] 中共中央国务院关于全面推进美丽中国建设的意见 [R/OL]．（2023-12-27）. https://www.gov.cn/gongbao/2024/issue_11126/202401/content_6928805.html。

[57]《新时代的中国绿色发展》白皮书 [EB/OL]．（2023-01-19）. https://www.gov.cn/zhengce/2023-01-19/content_5737923.htm。

[58] 习近平在全国生态环境保护大会上强调　全国推进美丽中国建设　加快推进人与自然和谐共生的现代化 [EB/OL]．（2023-07-18）. http://www.news.cn/politics/leaders/2023-07-18/c_1129756336.htm。

[59] 国务院关于环境保护税收入归属问题的通知（国发〔2017〕56 号）[EB/OL]．（2017-12-27）. https://www.gov.cn/zhengce/content/2017-12-27/content_5250841.htm。

[60] 国务院关于印发实施更大规模减税降费后调整中央与地方收入划分改革推进方案的通知（国发〔2019〕21 号）[EB/OL]．（2019-10-09）. https://www.gov.cn/zhengce/content/2019-10-09/content_5437544.htm。

［61］国务院办公厅关于加快构建废弃物循环利用体系的意见（国办发〔2024〕7号）［EB/OL］．（2024-02-09）. https://www.gov.cn/zhengce/zhengceku/202402/content_6931080.htm。

［62］国务院关于加快建立健全绿色低碳循环发展经济体系的指导意见（国发〔2021〕4号）［EB/OL］．（2021-02-02）. https://www.gov.cn/gongbao/content/2021/content_5591405.htm。

［63］《关于深化生态环境领域依法行政　持续强化依法治污的指导意见》（环法规〔2021〕107号）［EB/OL］．（2021-11-09）. https://www.gov.cn/zhengce/zhengceku/2021-11/17/content_5651401.htm。

［64］国务院办公厅关于加强草原保护修复的若干意见（国办发〔2021〕7号）［EB/OL］．（2021-03-12）. https://www.gov.cn/gongbao/content/2021/content_5600082.htm。

［65］《国家植物园体系布局方案》印发［EB/OL］．（2023-09-21）. https://www.gov.cn/lianbo/bumen/202309/content_6905469.htm。

［66］《新时代的中国能源发展》白皮书［EB/OL］．（2020-12-21）. https://www.gov.cn/zhengce/2020-12/21/content_5571916.htm。

［67］国家发展改革委自然资源部关于印发《全国重要生态系统保护和修复重大工程总体规划（2021—2035年)》的通知（发改农经〔2020〕837号）［EB/OL］．（2020-06-03）. https://www.gov.cn/zhengce/zhengceku/2020-06/12/content_5518982.htm。

［68］国务院关于印发《推动大规模设备更新和消费品以旧换新行动方案》的通知（国发〔2024〕7号）［EB/OL］．（2024-03-07）. https://www.gov.cn/zhengce/zhengceku/202403/content_6939233.htm。

［69］中共中央办公厅　国务院办公厅印发《关于进一步加强生

物多样性保护的意见》[EB/OL].（2021-10-19）. https://www.gov.cn/gongbao/content/2021/content_5649729.htm?eqid=fe7f8d3e000b0a5e0000000264891ac9。

[70] 中共中央办公厅　国务院办公厅《关于在国土空间规划中统筹划定落实三条控制线的指导意见》.[EB/OL].（2019-11-01）. https://www.gov.cn/zhengce/2019-11-01/content_5447654.htm。

[71] 国务院新闻办就"加强生态环境保护，全面推进美丽中国建设"举行发布会 [EB/OL].（2023-07-27）. https://www.gov.cn/lianbo/fabu/202307/content_6895032.htm。

[72] 国新办举行中央生态环境保护督察进展成效发布会 [EB/OL].（2022-07-06）. https://mp.weixin.qq.com/s/8UEUEldSa5xcHTJyPQJlmw。

[73] 最高人民检察院关于人民检察院生态环境和资源保护检察工作情况的报告——2023 年 10 月 21 日在第十四届全国人民代表大会常务委员会第六次会议上 [EB/OL].（2023-10-21）. https://www.spp.gov.cn/xwfbh/wsfbh/202310/t20231021_631451.shtml。

[74] 最高人民法院关于人民法院环境资源审判工作情况的报告——2023 年 10 月 21 日在第十四届全国人民代表大会常务委员会第六次会议上 [EB/OL].（2023-10-25）. https://www.court.gov.cn/zixun/xiangqing/415752.html。

[75] 国家发展改革委关于创新和完善促进绿色发展价格机制的意见（发改价格规〔2018〕943 号）[A/OL].（2018-06-21）. https://www.gov.cn/gongbao/content/2018/content_5343749.htm。

[76] 财政部　国家税务总局关于全面推进资源税改革的通知（财

税〔2016〕53 号）[A/OL].（2016-05-09）. https://fgk.chinatax.gov.cn/zcfgk/c102416/c5203712/content.html。

[77] 财政部 国家税务总局 水利部关于印发水资源税改革试点暂行办法的通知（财税〔2016〕55 号）[A/OL].（2016-05-09）. https://szs.mof.gov.cn/zhengcefabu/201605/t20160510_1984619.htm。

[78] 财政部 国家税务总局关于风力发电增值税政策的通知（财税〔2015〕74 号）[A/OL].（2015-06-12）. https://szs.mof.gov.cn/zhengcefabu/201506/t20150616_1256851.htm。

[79] 财政部 国家税务总局关于印发《资源综合利用产品和劳务增值税优惠目录》的通知（财税〔2015〕78 号）[A/OL].（2015-06-12）. https://szs.mof.gov.cn/zhengcefabu/201506/t20150616_1256758.htm。

[80] 中华人民共和国生态环境部等关于印发《生态环境损害赔偿管理规定》的通知（环法规〔2022〕31 号）[EB/OL].（2022-04-28）. https://www.mee.gov.cn/xxgk2018/xxgk/xxgk03/202205/t20220516_982267.html。

[81] 生态环境部发布《中国应对气候变化的政策与行动 2023 年度报告》[EB/OL].（2023-10-27）. https://www.mee.gov.cn/ywgz/ydqhbh/wsqtkz/202310/t20231027_1044178.shtml。

[82] 生态环境部发布《全国碳排放权交易市场第一个履约周期报告》[EB/OL].（2023-01-01）. https://www.mee.gov.cn/ywgz/ydqhbh/wsqtkz/202301/t20230101_1009228.shtml。

[83]"十四五"林业草原保护发展规划纲要 [EB/OL].（2021-12-14）. https://www.forestry.gov.cn/c/www/lczc/44287.jhtml。

[84] 国家林业和草原局等关于印发《全国防沙治沙规划（2021—

2030 年)》的通知（林规发〔2022〕115 号）[EB/OL]．（2022-12-15）．https://www.gov.cn/zhengce/zhengceku/202309/content_6903888.htm。

[85] 推进履约工作　健全化学品环境管理　纪念《斯德哥尔摩公约》签署十五周年 [EB/OL]．（2016-11-11）．https://www.mee.gov.cn/gkml/sthjbgw/qt/201611/t20161111_367289.htm。

[86] 中国落实 2030 年可持续发展议程进展报告（2023）[R/OL]．（2023-11-21）．https://www.cikd.org/detail?docId=1701419996870234114。

后 记

    《美丽中国建设学习读本》是一本面向广大党员干部群众的学习、宣传、教育读物。全书从美丽中国的理论内涵、实践成就和亟须解决的问题入手，围绕绿色低碳转型、生态环境质量改善、生态系统保护、应对气候变化、生态文明制度体系、共建地球生命共同体、党对生态文明建设的全面领导等主题，全面展现了美丽中国建设取得的显著成就，系统阐释了党中央关于生态文明建设的重大战略部署。

    本书由生态环境部组织编写，习近平生态文明思想研究中心（生态环境部环境与经济政策研究中心）牵头，生态环境部机关各部门共同参与编写工作。编写工作组主要人员包括：俞海、张强、宁晓巍、吕博文、周楷、袁乃秀、马竞越、李姝洋、杜晓林、赵梦雪、王姣姣、刘智超、陈煌、和夏冰、姜欢欢、郝亮、黄炳昭、王璇、李媛媛、刘金淼、杨儒浦、王敏、谢茂敏、章甫。编写过程中，人民出版社给予了大力支持。在此，一并表示感谢。

    由于水平有限，书中难免有疏漏和不足之处，敬请广大读者提出宝贵意见。

编 者

2024 年 10 月